中华精神家园
物宝天华

天然珍宝

珍珠宝石与艺术特色

肖东发 主编　李文静 编著

中国出版集团
现代出版社

图书在版编目（CIP）数据

天然珍宝 / 李文静编著. — 北京：现代出版社，2014.10（2019.1重印）

（中华精神家园书系）

ISBN 978-7-5143-3022-9

Ⅰ. ①天… Ⅱ. ①李… Ⅲ. ①天然珍珠－介绍－中国 Ⅳ. ①S966.24

中国版本图书馆CIP数据核字(2014)第236233号

天然珍宝：珍珠宝石与艺术特色

| 主　　编：肖东发
| 作　　者：李文静
| 责任编辑：王敬一
| 出版发行：现代出版社
| 通信地址：北京市定安门外安华里504号
| 邮政编码：100011
| 电　　话：010-64267325　64245264（传真）
| 网　　址：www.1980xd.com
| 电子邮箱：xiandai@cnpitc.com.cn
| 印　　刷：固安县云鼎印刷有限公司
| 开　　本：710mm×1000mm　1/16
| 印　　张：9.5
| 版　　次：2015年4月第1版　2021年3月第4次印刷
| 书　　号：ISBN 978-7-5143-3022-9
| 定　　价：29.80元

版权所有，翻印必究；未经许可，不得转载

序言 天然珍宝

党的十八大报告指出："文化是民族的血脉，是人民的精神家园。全面建成小康社会，实现中华民族伟大复兴，必须推动社会主义文化大发展大繁荣，兴起社会主义文化建设新高潮，提高国家文化软实力，发挥文化引领风尚、教育人民、服务社会、推动发展的作用。"

我国经过改革开放的历程，推进了民族振兴、国家富强、人民幸福的中国梦，推进了伟大复兴的历史进程。文化是立国之根，实现中国梦也是我国文化实现伟大复兴的过程，并最终体现为文化的发展繁荣。习近平指出，博大精深的中国优秀传统文化是我们在世界文化激荡中站稳脚跟的根基。中华文化源远流长，积淀着中华民族最深层的精神追求，代表着中华民族独特的精神标识，为中华民族生生不息、发展壮大提供了丰厚滋养。我们要认识中华文化的独特创造、价值理念、鲜明特色，增强文化自信和价值自信。

如今，我们正处在改革开放攻坚和经济发展的转型时期，面对世界各国形形色色的文化现象，面对各种眼花缭乱的现代传媒，我们要坚持文化自信，古为今用、洋为中用、推陈出新，有鉴别地加以对待，有扬弃地予以继承，传承和升华中华优秀传统文化，发展中国特色社会主义文化，增强国家文化软实力。

浩浩历史长河，熊熊文明薪火，中华文化源远流长，滚滚黄河、滔滔长江，是最直接的源头，这两大文化浪涛经过千百年冲刷洗礼和不断交流、融合以及沉淀，最终形成了求同存异、兼收并蓄的辉煌灿烂的中华文明，也是世界上唯一绵延不绝而从没中断的古老文化，并始终充满了生机与活力。

中华文化曾是东方文化摇篮，也是推动世界文明不断前行的动力之一。早在500年前，中华文化的四大发明催生了欧洲文艺复兴运动和地理大发现。中国四大发明先后传到西方，对于促进西方工业社会的形成和发展，曾起到了重要作用。

天然珍宝 | 序言

中华文化的力量,已经深深熔铸到我们的生命力、创造力和凝聚力中,是我们民族的基因。中华民族的精神,也已深深植根于绵延数千年的优秀文化传统之中,是我们的精神家园。

总之,中华文化博大精深,是中国各族人民五千年来创造、传承下来的物质文明和精神文明的总和,其内容包罗万象,浩若星汉,具有很强的文化纵深,蕴含丰富宝藏。我们要实现中华文化伟大复兴,首先要站在传统文化前沿,薪火相传,一脉相承,弘扬和发展五千年来优秀的、光明的、先进的、科学的、文明的和自豪的文化现象,融合古今中外一切文化精华,构建具有中国特色的现代民族文化,向世界和未来展示中华民族的文化力量、文化价值、文化形态与文化风采。

为此,在有关专家指导下,我们收集整理了大量古今资料和最新研究成果,特别编撰了本套大型书系。主要包括独具特色的语言文字、浩如烟海的文化典籍、名扬世界的科技工艺、异彩纷呈的文学艺术、充满智慧的中国哲学、完备而深刻的伦理道德、古风古韵的建筑遗存、深具内涵的自然名胜、悠久传承的历史文明,还有各具特色又相互交融的地域文化和民族文化等,充分显示了中华民族的厚重文化底蕴和强大民族凝聚力,具有极强的系统性、广博性和规模性。

本套书系的特点是全景展现,纵横捭阖,内容采取讲故事的方式进行叙述,语言通俗,明白晓畅,图文并茂,形象直观,古风古韵,格调高雅,具有很强的可读性、欣赏性、知识性和延伸性,能够让广大读者全面接触和感受中国文化的丰富内涵,增强中华儿女民族自尊心和文化自豪感,并能很好继承和弘扬中国文化,创造未来中国特色的先进民族文化。

2014年4月18日

天赐国宝——天然宝石

宝石之王——钻石　002

玫瑰石王——红宝石　009

六射星光——蓝宝石　015

宝石奇葩——祖母绿　021

宝石之祖——绿松石　027

色彩之王——碧玺　038

石中皇后——雨花石　042

051　仙女化身——翡翠

064　孔雀精灵——孔雀石

073　纯洁如水——水晶

088　色相如天——青金石

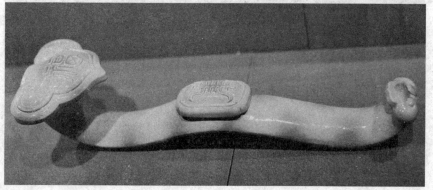

天然结晶——有机宝石

100　西施化身——珍珠

119　海洋珍奇——珊瑚

131　万年虎魂——琥珀

天赐国宝

天然宝石

我国是世界上最早饰用宝石的古老国家之一,可追溯到新石器时代的早期。育玉品石是中华文化的重要组成之一,也是世界文化的重要组成部分。

我国也是世界上重要的宝石产地之一,宝石资源较为丰富,宝石种类繁多,并且有几千年开采和利用的历史。在众多宝石中,最为贵重的是钻石。

除此之外,我国其他天然宝石也较丰富,主要有红宝石、蓝宝石、祖母绿、绿松石、碧玺、雨花石、翡翠、孔雀石、水晶、青金石等品种,各自不仅具有珍贵的价值,还蕴含着深刻的文化内涵。

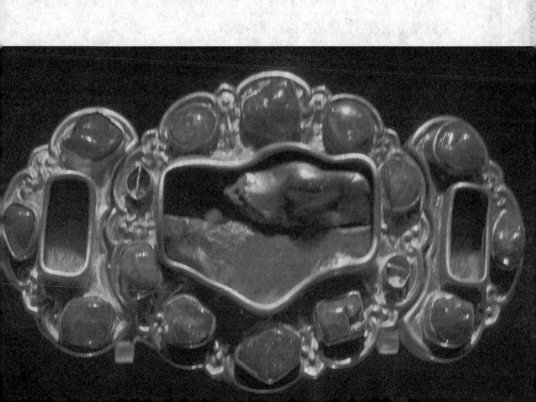

宝石之王——钻石

远古时代的黄金开采主要靠淘洗砂金，人们在淘金的过程中偶尔发现了其中杂有一些闪光的石子，这些石子无论怎样淘洗都不磨损，这就是金刚石，也就是人们所说的钻石。

■天然金刚石

金刚之名，初见佛经，取义与金有关。《大藏法数》称："跋折罗，华言金刚，此宝出于金中。"金刚的含义是坚固、锐利，能摧毁一切。

文化是人类独特的标志，钻石具有独特的标志意义。自古以来，钻石一直被人类视为权力、威严、地位和富贵的象征。其坚不可摧、

■ 各种形状的钻石

攻无不克、坚贞永恒和坚毅阳刚的品质，是人类永远追求的目标。它具有潜在的、巨大的文化价值。

在古老的传说中，钻石被认为是天神降临时洒下的天水形成的，而钻石在梵文里是雷电的意思，所以人们又觉得钻石是由雷电所产生的，古人大多数人觉得钻石陨落的星星的碎片，更有一部分人觉得那是天神的泪滴。

传说钻石的前世是一位勇猛无比的国王，他不仅出身纯洁，其平生所作所为光明磊落。当他在上帝的祭坛上焚身后，他的骨头便变成了一颗颗钻石的种子。

众神均前来劫夺，他们在匆忙逃走时从天上撒落下一些种子，这些种子就是蕴藏在高山、森林、江河中的坚硬、透明的金刚石。

我国的钻石文化历史悠久，如4件良渚文化和三星村文化发现的高度抛光的可以照出人影来的刚玉石斧，表明4000年前的古人很可能已

■ 黄色钻石

经使用了金刚石粉末来加工这些刚玉斧头。而其中最早的记载见于公元前1005年，在古代为我国玉雕文化的发展起到过重要作用。

据说，早在公元前300年前，在皇帝的御座上就有钻石镶嵌。钻石晶莹剔透、高雅脱俗象征着纯洁真实、忠诚勇敢、沉着冷静、安静自如、稳如泰山。从那时起，人们把钻石看成是高尚品质的标志。

早在春秋时期老子所著《道德经》中，就有了关于钻石的文字记载，称"金刚"，文中说："金刚者不可损也……"

我国最早关于钻石的器物，如《列子·汤问》提到一种镶嵌有金刚石的辊铬之剑，和汉代《十洲记》提到的切玉刀也都镶有钻石。

切玉刀据说是天下最锋利的宝刃，也称"昆吾刀"。晋张华《博物志》记载，"《周书》曰：西域献火浣布，昆吾氏献切玉刀。火浣布污则烧之则洁，刀切玉如腊"。

自汉以后，我国古书多有钻石的记载。《南史·西夷传》中说，"诃罗单国于南北朝宋文帝无嘉七年，遣使献金刚指环"。

南朝学者刘道荟著的《晋起居注》第一次阐述了金刚石与黄金的关系，该书记载：

《道德经》又称《道德真经》《老子》《五千言》《老子五千文》，是我国古代先秦诸子分家前的一部著作，为其时诸子所共仰，传说是春秋时期的老子即李耳所撰写，是道家哲学思想的重要来源。

咸宁三年，敦煌上送金刚石，生金中，百淘不消，可以切玉。

就是说，金刚石出自黄金，来自印度，可以切玉，怎么淘洗都不会削减，或者说怎么使用都不会磨损。这段记载不仅表明金刚石在古代为我国玉雕文化发展起到过重要作用，而且还包含了关于古代人类是如何发现金刚石的科学思想。

钻石作为首饰是唐玄奘取经后，通过丝绸之路传入我国的。

宋代陆游《忆山南》诗之二："打球骏马千金买，切玉名刀万里来。"

金元代好问《赠嵩山侍者学诗》诗："诗为禅客

> **陆游**
> （1125—1210），南宋时期诗人。少时受家庭爱国思想熏陶，孝宗时赐进士出身。中年入蜀，投身军旅生活，晚年退居家乡。创作诗歌很多，今存九千多首，内容极为丰富。抒发政治抱负，反映人民疾苦，风格雄浑豪放；抒写日常生活，也多清新之作。

■ 黑色钻石

> **《本草纲目》**
> 明代李时珍所著药学著作，是作者在继承和总结以前本草学成就的基础上，结合作者长期学习、采访所积累的大量药学知识，经过实践和钻研，历时数十年而编成的一部巨著。

添花锦，禅为诗家切玉刀。"

钻石还有一名字叫"金刚钻"，最早出现在唐玄宗李隆基撰《唐六典》记载：

赤麖皮、瑟瑟、赤眭、琥珀、白玉、金刚钻……大鹏砂出波斯及凉州。

明代包括李时珍在内的一些学者在研究金刚石时发现，金刚石不但可切割玉石，还能在玉器或瓷器上钻眼。如据《本草纲目》记载："金刚石砂可钻玉补瓷，故谓之钻。"

约在清代末年，金刚石就逐渐被称为钻石了，其词义显然来自上述的"金刚钻"，两者在内涵和外延方面是相等的，即"金刚石"与"钻石"在含义上是一样的。

清朝道光年间，湖南西部农民在沅水流域淘金时先后在桃源、常德、黔阳一带发现了钻石。

与钻石相关的，有一个流传很久的蛇谷的故事。传说在一个山谷中，满地都是钻石，但是凡人是不可能轻易取到钻石的，因为有很多的巨蟒在守护着，就连看到巨蟒的目光都会死掉，更别说是取钻了。

有一个很有智慧的国王成功地取得了钻石，他利用镜子反光的原理让巨蟒都死在了自己的目

■ 钻石戒指

光里。又把一些带着血腥的羊肉丢向山谷的钻石上，那样利用秃鹰捕食的时候抓住钻石飞向山顶的机会将秃鹰杀死，取得钻石。

与此类似的，在我国信仰伊斯兰教的民族中，流传着一个辛巴达以肉喂鸟，借鸟取钻的故事：

翡翠镶钻石珠链

辛巴达一个人本来过着神仙生活，但是他突然想去凡间走走，想体会一下凡人的世界，乘船任随风浪把他漂到了一个美丽的岛上。

当他走向溪谷的时候，看见了满地都是钻石，但是要想安全路过甚至拿钻石没有那么容易，因为有很多巨蟒守候着。

这时候他学着曾经听过的"蛇谷"故事中的办法，把自己裹在肉块里面，在正午时分秃鹰就会抓起这块肉，也就等于带领辛巴达离开了安全的地带。

他就是借用了采钻者的方法。采钻者会把一些牲畜的肉撕烂从山顶撒在钻石上，那样秃鹰就会抓起沾满血腥的钻石飞回山顶，那样，采钻者这时候就可以吓走秃鹰得到钻石。

在古代，金刚石的磨工只有极少数工匠才能掌握。不同地区的各个工匠磨出的钻石各式各样，差别很大。所以磨好的很多成品并不完全理想。

至清代，钻石多被应用于王宫贵族的首饰中。钻石首饰基本分为耳饰、颈饰、手饰、足饰和服饰5个大类。

耳饰包括耳钉、耳环、耳线、耳坠。颈饰包括项链、吊坠、项圈。手饰包括戒指、手镯、手链。足饰包括：脚链、脚环。服饰专指

翡翠钻石耳坠

服装上的饰物,包括领花、领带夹、胸饰、袖扣。

如翡翠钻石珠链及耳坠一对,白色金属镶嵌,配镶钻石,粒径0.13厘米,链长43.1厘米,钻石与翡翠、白金交相辉映,殊为华贵。

再如,翡翠镶钻石珠链,共用钻石3.8克拉,翡翠珠径仅0.35厘米至0.58厘米,翠色浓艳,钻色星光闪烁,精美异常。

而比较流行的戒指款式有翡翠卜方钻石戒指、翡翠蛋面钻石戒指、翡翠蟾蜍钻石戒指、翡翠卜方钻石及彩色钻石戒指等。

阅读链接

我国利用金刚石的历史非常悠久,但我国使用现代探矿手段和方法真正开始大规模寻找和开采金刚石的历史只有100年左右。

我国的金刚石探明储量和产量均居世界第十名左右,年产量20万克拉。我国于1965年先后在贵州省和山东省找到了金伯利岩和钻石原生矿床。

1971年,在辽宁省瓦房店找到了钻石原生矿床。目前仍在开采的两个钻石原生矿床分布于辽宁省瓦房店和山东省蒙阴地区。钻石砂矿则见于湖南省沅江流域、西藏、广西以及跨苏皖两省的郯庐断裂等地。

辽宁省瓦房店、山东省蒙阴、湖南省沅江流域钻石都是金伯利岩型,但湖南省尚未找到原生矿。其中辽宁省的钻石质量好,山东省的个头较大。

玫瑰石王——红宝石

红宝石是一种名副其实的贵宝石，是指颜色呈红色、粉红色的刚玉，它是刚玉的一种，又被称为玫瑰紫宝石，可见这种宝石的红色和玫瑰的红色有很大关系。

红宝石质地坚硬，硬度仅在钻石之下。而且这种血红色的红宝石最受人们珍爱，俗称"鸽血红"，这种几乎可称为深红色的、鲜艳的强烈色彩，更把红宝石的真面目表露得一览无余。它象征着高尚、爱情和仁爱。

■ 红宝石

相传，古代的武士在作战之前，有时会在身上割开一个小口，将一粒红宝石嵌入口内，他们认为这样可以达到刀枪不入的目的。

同时，由于红宝石弥

■ 红宝石金牛

漫着一股强烈的生气和浓艳的色彩，以前的人们认为它是不死鸟的化身，对其产生了热烈的幻想。而且传说左手戴一枚红宝石戒指或左胸戴一枚红宝石胸针就有化敌为友的魔力。

我国《后汉书·西南夷传》就有对红宝石的记载："永昌郡博南县有光珠穴，出光珠。珠有黄珠、白珠、青珠、碧珠。"当时称其为"光珠"，表明在东汉时期就已辨识红、蓝宝石了。

而《后汉书·东夷列传》中称红宝石为"赤玉"，据记载，东汉时期，"扶余国，在玄菟北千里。南与高句丽、东与挹娄、西与鲜卑接，北有弱水。地方两千里，本秽地也……出名马、赤玉、貂貊，大珠如酸枣。"

扶余的起源地位于松花江流域中心，辽宁昌图县、吉林洮南县以北直至黑龙江省双城县以南，都是

鲜卑族 我国北方阿尔泰语系游牧民族，其族源属东胡部落，兴起于大兴安岭山脉。先世是商代东胡族的一支，秦汉时从大兴安岭一带南迁至西拉木伦河流域，曾归附东汉。匈奴西迁后仅有其故地，留在漠北的匈奴10多万户均并入鲜卑，势力逐渐强盛。

其国土，国运长达800年。

《后汉书·东夷列传》还记载："挹娄，古肃慎之国也。在夫馀东北千余里，东濒大海，南与北沃沮接，不知其北所极。地多山险，人形似夫余，而言语各异。有五谷、麻布，出赤玉、好貂。"

这里的"挹娄"是肃慎族系继"肃慎"称号后使用的第二个族称，从西汉至晋前后延续600余年，至公元5世纪后，改号"勿吉"。

在秦汉时期，挹娄的活动区域在辽宁东北部和吉林、黑龙江两省东半部及黑龙江以北、乌苏里江以东的广大地区内。南北朝时，挹娄势力开始衰落。

《汉武帝内传》中描述红宝石称"火玉"："戴九云夜光之冠，曳六出火玉之佩。"

唐人苏鹗在《杜阳杂编》中对"火玉"有着详尽的描述，而且这段描述颇具文学性：

> 武宗皇帝会昌元年，夫余国贡火玉三斗及松风石。火玉色赤，长半寸，上尖下圆。光照数十步，积之可以燃鼎，置之室内则不复挟纩，才人常用煎澄明酒。

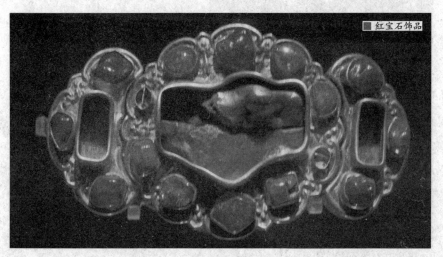

红宝石饰品

石榴石 我国古时称为"紫鸦乌"或"子牙乌",是一组在青铜时代已经使用为宝石及研磨料的矿物。常见的石榴石主要为红色,但其颜色的种类十分广阔,包括红、橙、黄、绿、蓝、紫、棕、黑、粉红及透明。其中最罕见的是蓝石榴石。

"半寸"约是所贡火玉宝物的最大尺寸,这样的尺寸,带红皮的软玉、红玛瑙、红色石榴石或是黑曜石可以轻易超过。

形状为"上尖下圆",表明具备良好的结晶形态,所以不可能是没有单晶形态的带红皮的软玉、红玛瑙或黑曜石,也不可能是圆珠或近似圆珠形状的红色石榴石,只能是红宝石。

"火玉三斗"表示至少有好几百枚,说明当时该种宝石的开采量不小。

"光照数十步"说明该宝物具备比较突出的反光能力,但也不排除有夸张的成分。"积之可以燃鼎,置之室内则不复挟纩,才人常用煎澄明酒",就是说可以用它来煮饭、取暖、酿酒,这些都是对该种宝石赤红似火颜色的一种形象化的比喻和想象而已。

《旧唐书》记载:"渤海本粟末靺鞨,东穷海西、契丹,万岁通天中,度辽水,后乃建国。地方五千里,尽得扶余、沃沮、卞韩、朝鲜、海北诸地。"

这里是说,古代的扶余在唐以后成为粟末靺鞨的一部。而粟末靺鞨就是粟末水靺鞨,居住于松花江流域。粟末靺鞨与居住在今黑龙江流域的黑水靺鞨,在我国史书上统一称作"靺鞨"。

■ 红宝石簪子

红宝石首饰

而在靺鞨居住地域,就盛产一种红色宝石,而且就以"靺鞨"族名命名。《本草纲目》中说"宝石红者,宋人谓之靺鞨";《丹铅总录》中也说"大如巨栗,中国谓之'靺鞨'"。

宋代高似孙《纬略》引唐代《唐宝记》记载:"红靺鞨大如巨栗,赤烂若朱樱,视之如不可触,触之甚坚不可破。"

内蒙古自治区通辽奈曼旗的辽代陈国公主墓中,发现了大量镶嵌素面红宝石的饰品。内蒙古自治区阿尔山玫瑰峰也发现有辽代贵族墓葬的素面红宝石。

这些发现说明:至少从辽代起,东北地区的红宝石就已得到开发。

明清两代,红、蓝宝石大量用于宫廷首饰,民间佩戴者也逐渐增多。著名的明代定陵发掘中,得到了大量的优质红、蓝宝石饰品。

清代著名的国宝金嵌珠宝金瓯永固杯上,镶有9枚红

故宫金瓯永固杯

宝石。"金瓯永固"杯是皇帝每年元旦子时举行开笔仪式时的专用酒杯。夔龙状鼎耳，象鼻状鼎足，杯体满錾宝相花，并以珍珠、红宝石为花心。杯体一面錾刻"金瓯永固"4字。

慈禧太后极喜爱红宝石，其后冠上有石榴瓣大小的红宝石。她死后，殉葬品中有红宝石朝珠一对，红宝石佛27尊，红宝石杏60枚，红宝石枣40枚，其他各种形状的红、蓝宝石首饰与小雕件3790件。

清代亲王与大臣等官衔以顶戴宝石种类区分。其中亲王与一品官为红宝石，蓝宝石是三品官的顶戴标记。

一种传说认为佩戴红宝石首饰的人会健康长寿、爱情美满、家庭和谐、发财致富；另一种传说认为左胸佩戴一枚红宝石胸饰或左手戴一枚红宝石戒指可以逢凶化吉、变敌为友。

山东省昌乐县发现一颗红、蓝宝石连生体，重67.5克拉，被称为"鸳鸯宝石"，称得上是世界罕见的奇迹。

另外，在黑龙江省东部牡丹江流域的穆棱和宁安两地的残积坡积砂矿中发现有红宝石和蓝宝石，其中的红宝石呈现紫红、玫瑰红、粉红等颜色，质地明净，透明度良好，呈不规则块状，最大的超过一克拉。

阅读链接

2000年，红色石榴石矿在玫瑰峰附近的哈拉哈河上游地区被发现。

2001年，中科院地质与地球物理研究所的刘嘉麒院士与他带领的火山科考队来此开启了阿尔山火山科学宝库和相关红宝石矿床研究的大门。

哈拉哈河发源于阿尔山市的摩天岭北坡，属于黑龙江上游的额尔古纳河水系，但在地理位置上与嫩江流域完全接壤，与古代扶余国、挹娄国出产火玉的地理位置基本一致。

六射星光——蓝宝石

古人曾说,大地就坐在一块鲜艳亮丽的碧蓝宝石上面,而蔚蓝的天空就是一面镜子,是蓝宝石的反光将天空映成蓝色。相传蓝宝石是太阳神的圣石,因为通透的深蓝色而得到"天国圣石"的美称。

蓝宝石也有许多传奇式的赞美传说,据说它能保护国王和君主免

蓝宝石原矿

■ 蓝宝石

受伤害和妒忌。在我国古代传说中，把蓝宝石看作指路石，可以保护佩戴者不迷失方向，并且还会交好运，甚至在宝石脱手后仍是如此。

蓝宝石与红宝石有"姊妹宝石"之称，颜色极为丰富，因为除了红宝石外，其他颜色的宝石可以统称为蓝宝石，因此蓝宝石包括有橘红、绿、粉红、黄、紫、褐甚至无色的刚玉，但以纯蓝色的级别最高。

蓝宝石还有人类灵魂宝石之称，它的颜色非常纯净、漂亮，给人一种尊贵、高雅之感，是蓝颜色宝石之王。

蓝宝石一直以深邃、凝重著称。早在公元前1000年，人们认为蓝宝石象征诚实、纯洁和道德，颜色最好的蓝宝石被称作"矢车菊蓝"。

蓝宝石寓意情意深厚的恋人，与传说中古爱神的神话有关，热恋中双方有一方变心时，蓝宝石的光泽就会消失，直至下一对是爱恋深厚相亲相爱的恋人出现，它的光泽才会浮现。所以蓝宝石也是真挚爱情的象征。

蓝宝石使人有一种轻快的感觉，它有展现出体贴和沉稳之美，将它镶成戒指佩戴，能够抑制疗养心灵的创痛，平稳浮躁的心境。

因此在民间广为流传，蓝宝石无穷的诱惑力是人类最为喜爱的宝石之一。蓝宝石首饰，也是人类最为广泛的首饰，特别受到人类的喜爱。

蓝宝石中以星光蓝宝石最为著名，星光蓝宝石是由于内部生长有大量细微的丝绢状包裹体金红石，而包裹体对光的反射作用，导致打磨成弧面形的宝石顶部会呈现出6道星芒而得名。

因内部有内涵物制造出了星光，但是也因此降低了宝石的透明度，所以星光蓝宝石通常是半透明至透明的。优质星光蓝宝石的6道星线是完整透明的，其交汇点位于宝石中央，随着光线的转动而移动。

蓝宝石也是到了清代才得到了广泛的应用。

如清宫金累丝嵌宝石八宝，紫檀雕花海棠式座，座面金胎海水纹。座上起柱，柱正面嵌红宝石、蓝宝石或猫眼石各两块，两边饰嵌绿松石卷叶。

柱上托椭圆形束腰仰覆莲，莲瓣纹地上嵌红珊瑚、青金石飞蝠，绿松石团寿图案；莲花束腰周圈嵌红宝石、蓝宝石、猫眼石、碧玺等。

莲花中心起方柱，每柱上立一宝，周身嵌宝石。八宝顶端均为嵌宝石、松石火焰。

婴戏图即描绘儿童游戏时的画作，又称"戏婴图"，是我国人物画的一种。因为以小孩为主要绘画对象，以表现童真为主要目的，所以画面丰富，形态有趣。

儿童在嬉戏中表现出的生动活泼的姿态，专注喜悦的表情，稚拙可爱的模样，不只让人心生怜爱，更能感

> **八宝** 又称"八吉祥"，指佛教中的法轮、法螺、宝伞、白盖、莲花、宝瓶、金鱼、盘肠结8种图案，分别代表佛法圆轮、佛音吉祥、覆盖一切、遮覆世界、神圣纯洁、福智圆满、活泼健康和回贯一切，被藏传佛教视为吉祥象征。

■ 蓝宝石挂坠

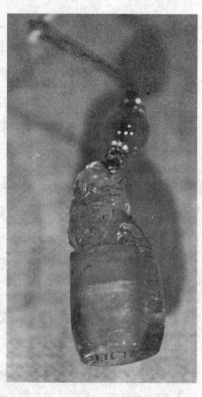

> **李白**（701—762），唐朝浪漫主义诗人，被后人誉为"诗仙"。存世诗文千余篇，代表作有《蜀道难》《将进酒》等诗篇，有《李太白集》传世。李白一生不以功名显露，却高自期许，蔑视权贵，以大胆反抗的姿态，推进了盛唐文化中的英雄主义精神。

受到童稚世界的无忧无虑。

如清代海蓝宝石婴戏图鼻烟壶，连碧玺盖高7厘米。

婴戏中的儿童姿态多样，动作夸张，画面多呈热闹愉悦的气氛。

清代蓝宝石带扣，长4.7厘米，宽2.25厘米，厚0.15厘米，带扣多由铜制，更高级的以金银制或玉制，蓝宝石殊为珍贵，以其制带扣极为少见。

清代银鎏金镶嵌蓝宝石手链，长度18厘米，重量40.6克。

清代蓝宝石蛋形大戒指面，长1.5厘米，宽1.2厘米，厚0.6厘米，重约2.6克，此品保存良好，包浆入骨，蛋形。

簪子这种传统饰物，颇具东方古典神韵，绾簪的女子带着夏季的清凉、摇曳的风情，不由得让人想起李白《经离乱后天恩流夜郎忆旧游书怀赠江夏韦太守良宰》中"清水出芙蓉，天然去雕饰"的诗句。

另外还有南朝乐府民歌《西洲曲》中描述的江南采莲女，"采莲南塘秋，莲花过人头，低头弄莲子，莲子清如水"。

簪子是东方妇女梳各种发髻必不可少的首饰。通常妇女喜欢在发髻上插饰金、银、珠玉、玛瑙、珊瑚等名贵材料制成的大挖耳子簪、小挖耳子簪、珠花簪、压鬓簪、凤头簪、龙头簪等。簪子的种类虽然繁多，但在选择时还要根据每个人的条件

■ 金镶红蓝宝石冠

和身份来定。

比如，在清朝，努尔哈赤的福晋和诸贝勒的福晋、格格们，使用制作发饰的最好材料首选为东珠。200年后渐渐被南珠，即合浦之珠所取代。

与珍珠相提并论的还有金、玉等为上乘材料，另外镀金、银或铜制，也有宝石翡翠、珊瑚象牙等，做成各种簪环首饰，装饰在发髻之上，这若是同进关以后相比，就显得简单得多了。

精美的蓝宝石

如清代蓝宝石雕坠簪子，高14厘米，珠直径1.2厘米，在畸形珠左边饰一蓝宝石雕琢的宝瓶，瓶口插几枝细细的红珊瑚枝衬托着一个"安"，在当时蓝宝石稀少的情况下，极为罕见。

清代以来，由于受到汉族妇女头饰的影响，满族妇女，特别是宫廷贵妇的簪环首饰，就越发的讲究了。

如1751年，乾隆皇帝为其母办60岁大寿时，在恭进的寿礼中，仅各种簪子的名称就让人瞠目结舌，如事事如意簪、梅英采胜簪、景福长绵簪、日永琴书簪、日月升恒万寿簪、仁风普扇簪、万年吉庆簪、方壶集瑞边鬓花、瑶池清供边花、西池献寿簪、万年嵩祝簪、天保磬宜簪、卿云拥福簪、绿雪含芳簪……

这些发簪无论在用料上，还是在制作上，无疑都是精益求精的上品。

后妃们头上戴满了珠宝首饰，发簪却是其中的佼佼者。因而清代后妃戴簪多用金翠珠宝为质地，制作工艺上也十分讲究，往往是用一整块翡翠、珊瑚水晶或象牙制出簪头和针梃连为一体的簪最为珍贵。

■ 蓝宝石挂坠

还有金质底上镶嵌各种珍珠宝石的头簪，多是簪头与针梃两部分组合在一起的，但仍不失其富丽华贵之感。

慈禧还爱美成癖，一生喜欢艳丽服饰，尤其偏爱红宝石、红珊瑚、翡翠等质地的牡丹簪、蝴蝶簪。她还下旨令造办处赶打一批银制、灰白玉、沉香木等头簪。

慈禧太后的殉葬品中有各种形状的红、蓝宝石首饰与小雕件3790件，其中68克拉的大粒蓝宝石18粒，17克拉左右的蓝宝石更是为数众多。

阅读链接

我国蓝宝石发现于东部沿海一带的玄武岩的许多蓝宝石矿床中。其中以山东昌乐蓝宝石质量最佳。晶体呈六方桶状，粒径较大，一般在一厘米以上，最大的可达数千克拉。

蓝宝石因含铁量高，多呈近于炭黑色的靛蓝色、蓝色、绿色和黄色，以靛蓝色为主。宝石级蓝宝石中包裹体极少，除见黑色固态包体之外，尚可见指纹状包体体。蓝宝石中平直色带明显，大的晶体外缘可见平行六方柱面的生长线。山东蓝宝石因内部缺陷少，属优质蓝宝石。

此外，黑龙江省、海南省和福建省产的蓝宝石。颜色鲜艳，呈透明的蓝色、淡蓝色、灰蓝色、淡绿色、玫瑰红色等，不含或少含包体，不经改色即可应用。

江苏省产的蓝宝石色美透明，多呈蓝色、淡蓝色、绿色。但在喷出地表时，火山的喷发力较强，故蓝宝石晶体常沿轴面裂开，呈薄板状，故取料较难。

宝石奇葩——祖母绿

祖母绿被称为"绿宝石之王",是相当贵重的宝石,其颜色浓艳,纯正而美丽,是其他绿色宝石都无法与之相比的。因其特有的绿色和独特的魅力,以及神奇的传说,从它被发现之日即深受人们的喜爱。

一般说,好翠是艳绿、鲜绿等色调。而祖母绿则稍许深暗点儿,色调不带"倾向",透明深邃,以青翠悦目的色调备受世人喜爱,被誉为五月诞生石,象征仁慈、信心、善良和永恒。

祖母绿很难找得到无瑕的宝

祖母绿原矿

> **陶宗仪** 我国历史上著名的史学家、文学家，据说为晋代陶渊明后人，著作除《辍耕录》外，有收集金石碑刻、研究书法理论与历史的《书史会要》9卷，汇集汉魏至宋元时期名家作品617篇，编纂《说郛》100卷，为私家编纂大型丛书较重要的一种。

石。实际上，可以说祖母绿宝石中一定多少有裂缝及内含物，其裂缝内含物种类之多之复杂，甚至被爱称为"花园"。

祖母绿的历史和其他许多珍贵宝石一样，久远而丰富多彩，传说耶稣最后晚餐时所用的圣杯就是用祖母绿雕制成的。

《圣经》中也提到了祖母绿，其《所罗门歌》称：

耶路撒冷的妇儿们，这是我的所爱，
这是我的朋友！他的双手如同绿宝石装饰
的金环。

据历史记载，早在6000多年前，市场上就有祖母绿出售。当时古巴比伦的妇女们特别喜欢佩用祖母绿饰物，被称为"绿色的石头"和"发光的石头"，还有人把它献于神话中的女神像前。

我国古代的祖母绿是从波斯经"丝绸之路"传入的，汉语的祖母绿一词也是由波斯语翻译过来的。

元代陶宗仪的《辍耕录》中的"助木剌"，即指祖母绿。

"祖母绿"之译法，最早见于明永乐年间，与郑和同下西洋的巩珍《西洋番国志》记载："忽鲁谟厮国"条："其处诸番宝物皆有，

■ 祖母绿翡翠项链

如祖母碧、祖母绿……"

与巩珍、郑和同下西洋的马欢所著《瀛涯胜览》中《忽鲁谟斯国》记载:"此处各番宝货皆有,更有祖母碧、祖母喇。"

后在王实甫的《西厢记》中开始被译为祖母绿,并由此固定下来,后世相延。

明代冯梦龙《警世通言》中"杜十娘怒沉百宝箱",其百宝箱中就有祖母绿这种珍贵宝石:

■ 祖母绿原石

杜十娘又命李甲打开第三只抽屉,箱内皆是荧光玉润的珍珠、钻石,无法估价,杜十娘拿出一串夜明玉珠,孙富早已惊呼:"不要扔了,不要扔了,这是千两银子也买不到的呀!"

杜十娘拉过李甲仔细看过:"若将此珠献给你家母亲大人,她可会拉我到身边,叫我一声'儿媳'!"

李甲顿足痛哭,悔恨交加,杜十娘又将珍珠抛入江内。再开抽屉,又是满满的一屉猫儿眼、祖母绿等奇珍异宝,李甲抱住十娘双腿,痛哭流涕:"十娘有此宝物,事情即可挽回!"

郑和(1371—1433),原名马三保,明朝伟大的航海家。1381年冬,明军进攻云南,10岁的马三保受宫成为太监,后进入朱棣的燕王府。他在靖难之变中,为朱棣立下战功。1404年,明成祖朱棣认为马姓不能登三宝殿,因此在南京御书"郑"字赐马三保郑姓,并改名为"和"。

■ 祖母绿宝石

另外,《明史·食贷志》中也有记载:"世宗时,猫儿眼,祖母绿,无所不购。"

明嘉靖期间,胡侍《墅谈》中《祖母绿》记载:"祖母绿,即元人所谓助木剌也,出回回地面,其色深绿,其价极贵。"

弘治间宋诩《宋氏家规部》称祖母绿为"锁目绿"。

明、清两代帝王尤喜祖母绿。明朝皇帝把它视为同金绿猫眼一样珍贵,有"礼冠需猫睛、祖母绿"之说。明万历帝的玉带上镶有一特大祖母绿,明代十三陵的定陵发现大量宝石中也有不少是祖母绿。

■ 祖母绿宝石

清代王朝的遗物中不乏珍贵的祖母绿宝石,如清代中期制成的"穿珠梅花"盆景中就装饰有3颗祖母绿及其他宝石300多颗。

该盆景全称为"银镀金累丝长方盆穿珠梅花盆景",清造办处造，通高42厘米，盆高19.3厘米，盆径24厘米至18.5厘米。

银镀金累丝长方形盆，盆口沿垂嵌米珠如意头形边，每个小如意头中又嵌红宝石。盆壁累丝地上饰烧蓝花叶纹和各式开光，烧蓝花叶上又嵌以翡翠、碧玺、红宝石做的果实、花卉等图案，开光内则以极细小的米珠、珊瑚珠和祖母绿等宝石珠编串成各式花卉图案。

盆上以珊瑚、天竹、梅花组成"齐眉祝寿"景致，银累丝点翠的山子上满嵌红、蓝、黄等各色宝石。山子后植蓝梅树、珊瑚树和天竹，梅树上以大珍珠、红宝石、蓝宝石穿成梅花，天竹为缠金丝干，点翠叶，顶端结红珊瑚珠果，纤秀华丽。

此盆景镂金错玉，穿珠垒银，遍铺宝石，特别是一树梅花珠光宝气，共用大珍珠64颗，红蓝宝石216颗，精雕细作，鬼斧神工，令人目眩。

清代人还能通过识别祖母绿的瑕疵，并据此对真假祖母绿进行鉴定，如《清秘藏》就提出："祖母绿，一名助木绿，以内有蜻蜓翅光者算。"这蜻蜓翅即为后来所说的祖母绿的包裹体。

《博物要览》也明确提出祖母绿"中有兔毫纹"者始为真品。如清宫祖母绿宝石，高1.26厘米，长1.9

■ 祖母绿戒指

如意 系指一种器物，其柄端作手指形，用以搔痒，可如人意，因而得名。也有柄端呈"心"字形的。以骨、角、竹、木、玉、石、铜、铁等制成，长1米左右，古时持以指划。近代的如意，长不过一二尺，其端多作芝形、云形，不过因其名吉祥，以供玩赏而已。

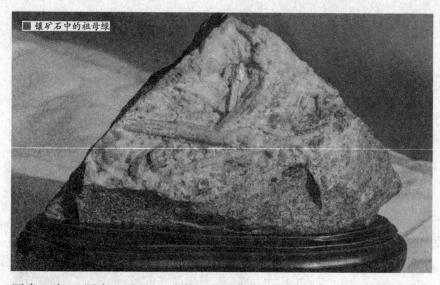

■ 镶矿石中的祖母绿

厘米，宽1.4厘米，重26.48克拉。祖母绿宝石翠绿色，玻璃光泽，采用阶式变型切磨技术成形。

清朝末期，慈禧太后死后所盖的金丝锦被上除镶有大量珍珠和其他宝石外，也有两颗各重约5钱的祖母绿，可谓是祖母绿中的珍品。

阅读链接

祖母绿往往与传奇乃至迷信的色彩联系在一起，所构成的祖母绿文化同样既丰富又迷人。祖母绿被人类发现开始，便被视为具有特殊的功能，它能驱鬼避邪，还可用来治疗许多疾病，如解毒退热，解除眼睛疲劳等。

而恋人们则认为它具有揭示被爱者忠诚与否的魔力。它是一种具有魔力的宝石，它能显示："立下誓约的恋人是否保持真诚。恋人忠诚如昨，它就像春天的绿叶。要是情人变心，树叶也就枯萎凋零。"

更神奇的是，据说祖母绿可使修行者具有预见能力，持有者在受骗时，祖母绿会改变颜色，发出危险的信号。总之，在祖母绿身上，往往弥漫着神秘的色彩，令人心动神往。

宝石之祖——绿松石

我国早在旧石器时期，人们就开始利用石质装饰物来美化自己的生活。新石器中晚期，出现了大量的石质工具、玉器和宝玉石工艺品，如用岫玉、绿松石等制成珠、环、坠、镯等。

绿松石简称"松石"，因其形似松球而且色近松绿而得名，而且绿松石颜色有差异，多呈天蓝色、淡蓝色、绿蓝色、绿色。

绿松石质地不很均匀，颜色有深有浅，甚至含浅色条纹、斑点以及褐黑色的铁线。致密程度也有较大差别，孔隙多者疏松，少则致密坚硬。抛光后具柔和的玻璃光泽至蜡状光泽。

绿松石犹如上釉的瓷器为最优。如有不规则的铁线，则其品质就较差

商代绿松石牌饰

绿松石扣串

了。白色绿松石的价值较之蓝、绿色的要低。在块体中有铁质"黑线"的称为"铁线绿松石"。

如在河南省郑州大河村距今6500年至4000年的仰韶文化遗址中，就有两枚绿松石鱼形饰物。

甘肃省临夏回族自治州广河县齐家文化遗址发现有嵌绿松石兽面玉璜，长36.6厘米，高6.7厘米，厚0.8厘米。玉料呈黛绿色，由和田墨玉制成，单面琢孔，璜呈弯月形，以减地手法镶嵌绿松石，留底构成兽面之轮廓。

上镶两圆绿松石为目，眼眶为璜之留底。山字形留底为嘴之外形，内镶不规则方形绿松石。四边留底为边框，孔为单面开孔，因长期佩戴孔已磨损为斜孔。此玉璜上镶嵌之绿松石彼此间可谓严丝合缝，这样的工艺真是令人匪夷所思。

产自湖北省鄂西北的绿松石，古称"荆州石"或"襄阳甸子。湖北绿松石产量大，质量优。

如云盖山上的绿松石以山顶的云盖寺命名为"云盖寺绿松石"，是世界著名的我国松石雕刻艺术品的原石产地。此外。江苏、云南等地也发现有绿松石。

河南省偃师二里头为我国夏代都城所在地，在这里

嵌绿松石饕餮纹罍

发现有绿松石龙形器，由2000余片绿松石片组合而成，每片绿松石的大小仅有0.2厘米至0.9厘米，厚度仅0.1厘米左右。

另外还有嵌绿松石铜牌饰、青铜错金嵌绿松石貘尊等。也均为夏朝时期的绿松石重要器物。

■ 嵌绿松石饕餮纹牌

如夏代嵌绿松石饕餮纹牌饰，通高16.5厘米，宽11厘米，盾牌形。它是先铸好牌形框架，然后有数百枚方圆或不规则的绿松石粘嵌成突目兽面。

这件牌饰位于死者胸前，很可能是一件佩戴饰品。是发现最早也是最精美的镶嵌铜器，可以说它的发现开创了镶嵌铜器的先河。

商代妇好墓中发现有嵌绿松石象牙杯，杯身用中空的象牙根段制成，因料造型，颇具匠心。侈口薄唇，中腰微束，切地处略小于口。

通体分段雕刻精细的饕餮纹及变形夔纹，并嵌以绿松石，做头上尾下的夔形，加饰兽面和兽头，也嵌以绿松石，有上下对称的小圆榫将其与杯身连接。

形制和体积略同的嵌绿松石象牙杯共有两件。高30.5厘米，用象牙根段制成，形似现侈口薄唇，中腰微束。杯身一侧有与杯身等高的夔龙形把手，雕刻精细的花纹而且具有相当的装饰性，上下边口为两条素地宽边，中间由绿松石的条带间隔。

仰韶文化 黄河中游地区大约在公元前5000年至公元前3000年重要的新石器时代文化。仰韶文化是我国先民所创造的重要文化之一，神农氏时代结束以后，黄帝、尧、舜相继起来，一些传说在仰韶文化遗址中大致有迹象可寻，因之推想仰韶文化当是黄帝族的文化。

商代嵌绿松石兽面纹戈

戈是商周兵器中最常见的一种，古称"钩兵"，是用于钩杀的兵器。其长度根据攻守的需要而不同，所谓"攻国之兵令人欲短，守国之兵欲长"。

如商代嵌绿松石兽面纹戈，长40厘米，戈的援宽大而刃长，锋较尖，末端正背两面皆以绿松石镶嵌兽面纹；胡垂直，而且短；内呈弧形，上有一圆穿，末端正背两面皆浅刻兽面纹。

陕西省宝鸡市南郊益门村有两座春秋早期古墓，其中一座墓发现了大批金器、玉器、铁器、铜器，还有一些玛瑙、绿松石串饰。

其中绿松石串饰一组，共40件，均为自然石块状，不见明显加工痕迹，大小形状不一，均有钻孔。颜色比较均匀，娇艳柔媚，质地细

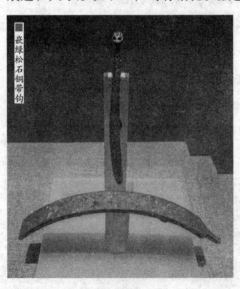

嵌绿松石铜带钩

腻、柔和，有斑点以及褐黑色的铁线，以翠绿、青绿色为主，间有墨绿色斑。最大者长3.8厘米，宽2.9厘米；最小者长0.7厘米，宽0.6厘米。

另外，河南省汲县山彪镇发现的战国早期嵌绿松石云纹方豆，盖上为捉手，面做四方形。足扁平。通体饰云纹，杂嵌绿松石。汲县山彪镇为魏国

墓地。还有发现于长清岗辛战国墓的一件铜丝镶绿松石盖豆，通高27.5厘米，口径18.5厘米。为礼器。

半球形盘，柄上粗下细，下承扁圆形足。盘上有覆钵形盖，盖上有扁平捉手，却置即为盘足。通体饰红铜丝与绿松石镶嵌而成的几何勾连雷纹。

带钩，是古代贵族和文人武士所系腰带的挂钩，带扣是和带钩相合使用的，多用青铜铸造，也有用黄金、玉等制成的。工艺技术相当考究。

有的除雕镂花纹外，还镶嵌绿松石，有的在铜或银上镏金，有的在铜、铁上错金嵌银，即金银工艺。带钩起源于西周，战国至秦汉广为流行。魏晋南北朝时逐渐消失。

如湖南省长沙发现的战国金嵌绿松石铜带钩，长17.5厘米，宽0.2厘米。为腰带配件。钩身扁长，钩颈窄瘦，鸭形首。背部饰云纹金，镶嵌绿松石。

秦汉时的墓中，开始发现有各种镇墓兽随葬，而且其中有些就镶嵌着绿松石。这种怪兽是青铜雕塑的神话中动物形象，为龙首、虎颈、虎身、虎尾、龟足，造型生动。

如镶绿松石怪兽，高0.48米，身上镶嵌有绿松石，并有浮雕凤鸟纹、龙纹、涡纹等图案。怪兽头上长有多支利角，口吐长舌，面目可怖。在主体怪兽脊背

涡纹 近似水涡，故谓涡纹。其特征是圆形，内圈沿边饰有旋转状弧线，中间为一小圆圈，似代表水隆起状，圆形旁边有五条半圆形的曲线，似水涡激起状。商代早期的涡纹是单个连续排列的，商代中晚期至春秋战国时期，一般与龙纹、目纹、鸟纹、虎纹、蝉纹等相间排列。多用罍、鼎、罕、瓿的肩、腹部，它盛行于商周时代。

■ 铜丝镶绿松石盖豆

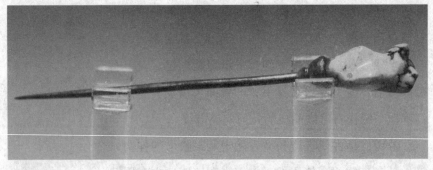

■ 嵌绿松石花形金簪

镂雕 亦称镂空、透雕。指在木、石、象牙、玉、陶瓷体等可以用来雕刻的材料上透雕出各种图案、花纹的一种技法。距今5000年前的新石器时代晚期，陶器上已有透雕圆扎为饰。汉代到魏晋时各式陶瓷香熏都有透雕纹饰。

■ 祖母绿狮子

上有一方座，座上支撑又一小型怪兽，小型怪兽口衔一龙，龙昂首，做挣扎状。

唐代是我国铜镜发展最为繁盛的时期，上面也经常用绿松石加以点缀，使铜镜更显精美。

如唐代镶绿松石螺钿折枝花铜镜，直径20.5厘米，圆形，素缘，圆钮，钮外用螺钿饰有一圈连珠纹，整体图案用螺钿雕刻成折枝花样镶嵌于镜背之上，中间镶嵌有绿松石。镜面大，图案饱满，工艺精湛，为难得一见的唐代螺钿纹铜镜。

至明代，绿松石被广泛应用于各种首饰用品之上，如南京太平门外板仓徐辅夫人墓发现的正德十二年嵌绿松石花形金簪，长11.5厘米，簪首直径3.8厘米。金质。簪针呈圆形。

簪顶做花形，用近似绕出6个花瓣，中间有一圆形金托，金托周围以金丝做出花蕊，托内嵌一绿松石。

清代时期，我国称绿松石为天国宝石，视为吉祥幸福的圣物，经常镶嵌于各种日常器物上。

如清中期铜镏金嵌绿松石缠枝西番莲纹香熏，高17厘米，香熏通体以贴金丝为底，嵌绿松石、珊瑚组成图案。

自口沿至胫部分别以为缠枝花卉纹、莲瓣纹、缠枝西番莲纹、如意纹等装饰，两兽耳镏金。盖部透雕缠枝花卉纹，盖钮镂雕云蝠图案。全器纹饰华丽，颜色绚丽夺目，工艺精湛，为清代宫廷用器。

清代鼻烟开始流行，各种鼻烟壶也应运而生，其中就多有用珍贵的绿松石制成的。

如清代绿松石山石花卉鼻烟壶，通高6厘米，腹宽4.8厘米。烟壶为绿松石质地，通体为蓝绿色，间有铁线斑纹。扁圆形，扁腹两面琢阴线山石花卉，并在阴线内填金。烟壶配有浅粉色芙蓉石盖，内附牙匙。

嘎乌是清代的宗教用具，"嘎乌"为藏语音译，多指挂在项上的或背挎式的佛盒饰物。嘎乌内大多装有佛像、护法神像或护身符。实为随身携带的佛龛。

嘎乌的质地有金质、银质、铜质等金属嘎乌，也有木质的。

如乾隆金嵌绿松石嘎乌，又称"佛窝"，通高13.5厘米，厚度3.2厘米。是一件用纯金镶嵌绿松石、青金石的嘎乌，内装有一

> **密宗** 又称为真言宗、金刚顶宗、毗卢遮那宗、秘密乘、金刚乘。统称为"密教"。公元8世纪时印度的密教，由善无畏、金刚智、不空等祖师传入我国，从此修习传授形成密宗。此宗以密法奥秘，不经灌顶，不经传授不得任意传习及显示给别人，因此称为密宗。

■ 绿松石雕刻成的人物像

尊密宗佛像。龛盒上用錾刻工艺饰有精美的花纹等。

在古代人们把它与宗教联系在一起。西藏对绿松石格外崇敬，蒙藏地区喜欢把绿松石镶嵌在配刀、帽子、衣服上，是神圣的装饰用品，用于宗教仪式。

优质绿松石主要用于制作弧面形戒面、胸饰、耳饰等。质量一般者，则用于制作各种款式的项链、手链、服饰等。

块度大者用于雕刻工艺品，多表现善与美的内容，如佛像、仙人、仙鹤、仙女、山水亭榭、花鸟虫鱼、人物走兽等。

自古以来，绿松石就在西藏占有重要的地位。它被用于第一个藏王的王冠，用作神坛供品以及藏王向居于高位的僧人赠送的礼品及向邻国贡献的贡品，古代拉萨贵族所佩戴的珠宝中，金和绿松石是主要的材料。

许多藏人颈脖上都戴有系上一块被视为灵魂的绿松石的项链。一个古老的传说记叙了绿松石和灵魂之间的关系：根据天意，藏王的臣民不许将任何一块绿松石丢进河里，因为那样做灵魂也许会离开他的躯体而使之身亡。

绿松石也常被填嵌在金、银、铜器上，其颜色相

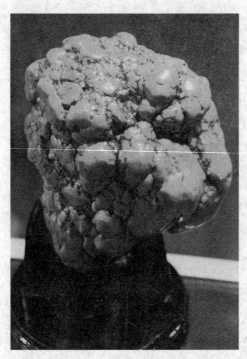
■ 绿松石雕刻的摆件

仙鹤 寓意延年益寿。在古代是一鸟之下，万鸟之上，仅次于凤凰。明清一品官员的官服编织的图案就是"仙鹤"。同时鹤因为仙风道骨，为羽族之长，自古被称为"一品鸟"，寓意第一。仙鹤代表长寿、富贵。传说它享有几千年的寿命。仙鹤独立，翘首远望，姿态优美，色彩不艳不娇，高雅大方。

互辉映，美丽且富有民族特色。藏族和蒙古族同胞尤其喜爱镶嵌绿松石的宝刀、佩饰等。

另外，许多藏人都将绿松石用于日常发饰。游牧妇女将她们的头发梳成108瓣，瓣上饰以绿松石和珊瑚。对藏南的已婚妇女来说，秀发上的绿松石珠串是必不可少的，它表达了对丈夫长寿的祝愿，而头发上不戴任何绿松石被认为是对丈夫的不敬。

蓝色被视为吉利，并把许多特别的权力归因于这一蓝色或带蓝色的宝石。而且，绿松石碎屑除可以做颜料外，藏医还将绿松石用作药品、护身符等圣品。

大多数藏族妇女还将绿松石串珠与其他贵重物品如珊瑚、琥珀、珍珠等一起制成的项链。

有的妇女以戴一颗边上配两颗珊瑚珠的长7厘米的绿松石块为荣。戴上这一件珠宝，对外出经商的丈夫来说，意味着身家安全。

男性的饰物则比较简化，通常用几颗绿松石珠子与珊瑚串在一起围在脖子上，或在耳垂上用线系上一颗绿松石珠。

在喜马拉雅地区西部，绿松石和其他一些贵重物件被直接缝在女人的衣裙或儿童的帽

> **贡品** 贡品文化是集物质和非物质文化于一体的我国特有的文化遗产。贡者：名、特、优也。贡品多为全国各地或品质优秀或稀缺珍罕，或享有盛誉，或寓意吉祥的极品和精华。在历史演进的过程中逐步形成了贡品文化，包括制度、礼仪、生产技艺、传承方式、民间传说故事等。

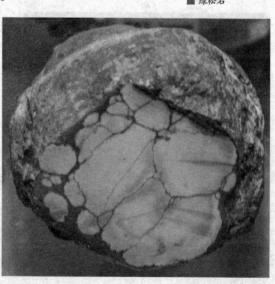

■ 绿松石

护身符 护身之灵符，又作护符、神符、灵符、秘符，即书写佛、菩萨、诸天、鬼神等之形像、种子、真言之符札，将之置于贴身处，或吞食，可蒙各尊之加持护念，故有此名。符之种类极多，依祈愿之意趣而有各种差别；而其作用亦多，可除厄难、水难、火难及安产等。

上。有时整个外衣的前襟都装饰上金属片、贝壳、各种材料的珠子、扣子和绿松石。据说孩子帽上的绿松石饰物还有保护孩子灵魂的作用。

同时，一些西藏同胞相信戴一只镶绿松石的戒指可保佑旅途平安。梦见绿松石意味着吉祥和新生活的开始。戴在身上的绿松石变成绿色是肝病的征兆，也有人说这显示了绿松石吸出黄疸病毒的功能。

护身符容器在当时的西藏更成为一种重要的珠宝玉器。每一个藏民都有一个或几个这种容器来装宗教的书面文契。从居于高位的僧人衣服上裁下的布片或袖珍宗教像等保护性物件。

这种容器可以是平纹布袋，但更多的是雕刻精巧的金银盒，而且很少不带绿松石装饰。

有时居中放一块大小适当的绿松石，有时将许多无瑕绿松石与钻石、金红石和祖母绿独到地排列在黄金祖传物件上。

特别值得一提的是，在拉萨地区和西藏中部，流行一种特殊类型的护身器：在菩萨像及供奉此像之地的曼荼罗形盒，上有金银的两个交叉方形，通常在整个盒上都镶饰有绿松石。

西藏的任何一件珠宝玉器都可能含有绿松石。金、银或青铜和白铜戒指上镶绿

■藏族绿松石耳饰

松石是很常见的。有一种很特别的戒指呈典型的鞍形，通常很大，藏族男人将它戴在手上或头发上，女人则喜欢小戒指。

不管是哪个西藏群体，女人还是男人，都喜爱耳垂。女人的耳垂成对穿戴，而男人只在左耳戴一只耳垂。拉萨的贵族戴的耳垂令人望而生畏，一种用金、绿松石和珍珠制成的大型耳垂一直从耳边拖到胸部。

花丝镶嵌绿松石坠

西藏中部的妇女在隆重场合戴的一种花形耳饰，整个表面都布有绿松石。称之为"耳盾"也许更合适，因这些耳饰被小心地安置在耳前，并结在头发上或发网上。

其他还有许多饰物都装饰有绿松石，如带垂和链子、奶桶钩、围裙钩、胸饰、背饰、发饰和金属花环等。

阅读链接

在我国各民族中，绿松石用得最多的，要数藏族人民。

基本上每个藏民都拥有某种形式的绿松石。在西藏高原上，人们认识绿松石由来已久。

西藏文化特征是明显的，从诸多方面显现了其辉煌的成就，至今仍燃烧着不灭的火焰。绿松石，作为这一文化特征的一部分，对西藏人来说是一种希望，不可避免的变化仍将给西藏绿松石的魂与美留下一席之地。

色彩之王——碧玺

碧玺

碧玺拥有自然界单晶宝石中最丰富的色彩，可称为"色彩之王"，自古以来深受人们喜爱，被誉为"十月生辰石"。

碧玺在我国备受推崇，碧玺在古籍《石雅》中出现时有许多称谓，文中称：

碧亚么之名，中国载籍，未详所自出。清会典图云：妃嫔顶用碧亚么。滇海虞衡志称：碧霞碧一曰碧霞玭，一曰碧洗；玉纪又做碧霞希。今世人但称碧亚，或作璧碧，然已无问其名之所由来者，惟为异域方言，则无疑耳。

而在之后的历代记载中，也可找到称为"砒硒""碧玺""碧霞希""碎邪金"等之称呼。

相传，谁如果能够找到彩虹的落脚点，就能够找到永恒的幸福和财富，彩虹虽然常有，却总也找不到它的起始点。

1500年，一支勘探队发现一种宝石，闪耀着七彩霓光，像是彩虹从天上射向地心，沐浴在彩虹下的平凡石子在沿途中获取了世间所囊括的各种色彩，被洗练得晶莹剔透。

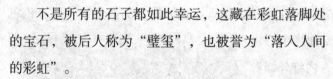
■ 碧玺翡翠项链

不是所有的石子都如此幸运，这藏在彩虹落脚处的宝石，被后人称为"璧玺"，也被誉为"落入人间的彩虹"。

1703年的一天，海边有几个小孩玩着航海者从远方带回的碧玺，惊讶地发现这些石头除在阳光底下能放射出奇异色彩外，还有一种能吸引或排斥轻物体如灰尘或草屑的力量，因此，将碧玺叫作"吸灰石"。

碧玺的碧是代表绿色，"玺"是帝王的象征，可见碧玺作为宝石的称谓可能源于皇家。

碧玺谐音"避邪"，寓意吉利，在我国清代皇宫

> 玺 是我国古代印章最早的名称。秦以前，无论官印私印都称为"玺"。自秦代以后专指帝王的印，其材料用玉，臣民只称"印"，而且不能用玉。汉代基本沿袭秦制，但制度已略有放宽，也有诸侯玺、王太后称为"玺"的。

清代碧玺螭纹坠

中，存有较多的碧玺饰物。

碧玺的颜色有数种，其中最享盛名的是双桃红，红得极为浓艳；其次是单桃红，稍次于双桃红。桃红色是各种玺中身价最高者；其他还有深红色、紫红色、浅红色、粉红色等。

红色碧玺是粉红至红色碧玺的总称。红色是碧玺中价值最高的，其中以紫红色和玫瑰红色最佳，有红碧玺之称，在我国有"孩儿面"的叫法。但自然界以棕褐、褐红、深红色等产出的较多，色调变化较大。

绿色碧玺，黄绿至深绿以及蓝绿、棕色碧玺的总称，显得很富贵、精神。其通灵无瑕、较为鲜艳者，甚至可与祖母绿混淆。

蓝色碧玺为浅蓝色至深蓝色碧玺的总称。

多色碧玺，常在一个晶体上出现红色、绿色的两色色带或三色色带；色带也可依Z轴为中心由里向外形成色环，内红外绿者称为"西瓜碧玺"。

另外从外观上看，还有碧玺猫眼，石中含有大量平行排列的纤维状、管状包体时，磨制成弧面形宝石时可显示猫眼效应，被称为"碧玺猫眼"。

变色碧玺为变色明显的碧

碧玺松鼠葡萄纹佩

玺，但罕见。

在清代，碧玺是一品和二品官员的顶戴花翎的材料之一，也用来制作他们佩戴的朝珠。

碧玺也是清朝慈禧太后的最爱，如有一枚硕大的桃红色碧玺带扣称之为清代碧玺中极品，带扣为银累丝托上嵌粉红色碧玺制成，此碧玺透明而且体积硕大，局部有棉绺纹。

银托累丝双钱纹环环相套，背后银托上刻有小珠文"万寿无疆""寿命永昌"，旁有"鸿兴""足纹"戳记，中间为细累丝绳纹双"寿"与双"福"，此碧玺长5.5厘米，最宽5.2厘米，碧玺中当属透明且桃红为珍品，在清朝时期更显珍贵。

碧玺玉坠

据记载，慈禧太后的殉葬品中，有一朵用碧玺雕琢而成的莲花，重量为36.8两，约5092克以及西瓜碧玺做成的枕头。

由于碧玺性较脆，在雕琢打磨过程中容易产生裂隙，因此，自古以来能成形大颗的碧玺收藏品非常难得。

阅读链接

据说碧玺还素有旺夫石之称，妇女佩戴碧玺可增强其与家人的和谐关系，理智处理家庭事务，与古人相夫教子的理想女性形象相呼应。固有旺夫之说，尤其是藏银莲花心经碧玺，其旺夫效果更佳。

由于碧玺的颜色多种鲜艳，所以可以很轻易的使人有一种开心喜悦及崇尚自由的感觉，并且可以开拓人们的心胸及视野。

石中皇后——雨花石

雨花石也称"文石""幸运石",主要产于江苏省南京及江苏省仪征月塘一带。以其色彩斑斓、玉质天章、小巧玲珑、纹理奇妙、包罗万象、诗情画意著称于世,被誉为"天赐国宝"。

300万年前,喜马拉雅山脉强烈隆起,长江流域的西部进一步抬升,由唐古拉山各拉丹冬雪岭冰川因日照、风化、水流融化作用而形成的冰融水,从涓涓细流,千涧百溪,最终汇成汹涌波涛,冲出青藏高原,切开巫山绝壁,使东西古长江相互贯通。

从此长江犹如一条银龙,咆哮翻滚,拍打着悬崖峭壁,冲击着崎岖乱石,历经6300千米,一

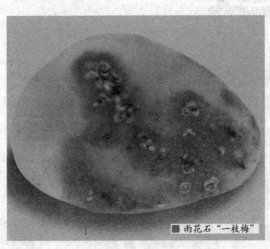

▇ 雨花石"一枝梅"

路向东海奔来。而在这过程中，鱼龙混杂，泥沙俱下，至下游平坦地带南京段，便逐渐淤积下来，形成雨花台砾石层，雨花石便是其中之一员。

如南京的夏代遗址中，就发现76枚天然花石子，即雨花石，分别被随葬在许多墓葬中，每个墓中放两三枚雨花石子不等，有的雨花石子放在死者口中。

■ 雨花石"干枝蜡梅"

据说夏代造璇宫，其所用石子是雨花玛瑙，雨花石用之于美化环境，这是第一次。这是已知关于雨花石文化的最早实证，证明在新石器晚期的夏商时代，雨花石已经被当作珠宝而珍藏。

继夏代之后雨花石在春秋时代已作为贡品进入宫廷。我国著名的思想家、教育家、儒家学说的创始人孔子所著的《尚书·禹贡》记载："扬州贡瑶琨。"据描述瑶琨似玉而非玉，晶莹剔透，可能即为后世所称的"雨花石"，是最早关于雨花石的描述。

秦王朝一统天下，南京地区属楚地，所产雨花石自然在秦王朝搜求之列，燕赵之收藏、韩魏之经营、齐楚之精英，"鼎铛玉石、金块珠砾"，其中玉石、珠砾，必有由楚地而来者。楚之美石，雨花石自然为其一例。

自南北朝以来，文人雅士寄情山水，笑傲烟霞，至唐宋时期达到巅峰，神奇的雨花石更是成为石中

孔子（前551—前479），名丘，字仲尼，春秋末期的思想家和教育家、政治家，儒家思想的创始人。孔子集华夏上古文化之大成，在世时就已被誉为"天纵之圣""天之木铎"，是当时社会上的最博学者之一，他被后世统治者尊为孔圣人、至圣、至圣先师、万世师表。

珍品，有"石中皇后"之称，深受人们的喜爱和珍藏，其文化历史可谓源远流长。

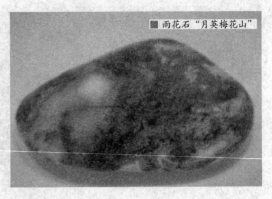
雨花石"月英梅花山"

关于雨花石的来历，在南北朝时有一个美丽的传说：

相传在南朝梁代，有位法号叫云光的和尚，他每到一处开讲佛法时，听众都寥寥无几。看到这种情况没有好转的迹象，云光有点泄气了。

有一天傍晚，讲解完佛经的云光正坐在路边叹息时，遇到了一个讨饭的老婆婆。

老婆婆吃完云光法师给她的干粮后，从破布袋里拿出一双麻鞋来送给云光，叫他穿着去四处传法。并告诉他鞋在哪里烂掉，他就可以在那里安顿下来长期开坛讲经。老太太说完就不见了。

云光不知走了多少地方，脚上的麻鞋总穿不烂。直至他来到了南京城的石岗子，麻鞋突然烂了。从此他就听信老婆婆之言在石岗上广结善缘，开讲佛经。一开始听的人还不多，讲了一段时间后，信众就越来越多了。

雨花石"梅岭春色"

有一天，他宣讲佛经时很投入，一时感动了天神，天空中飘飘扬扬下起了五颜六色的雨。奇怪的是这些雨滴一落到地上，就变成了一枚枚晶莹圆润的小石子，石子上还有五彩斑斓的花纹。

由于这些小石子是天上落下的雨滴所化，人们就称之为"雨花石"。而从此云光讲经的石岗子也就被称为"雨花台"。

当时雨花石中的名品如"龙衔宝盖承朝日"，该石粉红色，如丹霞映海，妙在石上有二龙飞腾，龙为绿色，而且上覆红云，顶端呈白色若玉山，红云之中尚有金阳喷薄欲出状。

再如，"平章宅里一阑花"，该石五彩斑斓，石上有太湖石一峰、洞穴玲珑，穴中映出花叶，上缀红牡丹数朵，花叶神形兼备。

而雨花名石"黄石公"则呈椭圆形，黄白相间，石之一端生出一个"公"字，笔画如书，似北魏造像始平公的"公"字，方笔倒行。

此后历代，都把雨花石当作观赏宝石或镶嵌于各种器物，增加其美感。

唐人苏鹗《杜阳杂编》记载有南齐潘淑妃"九玉钗"，上刻九鸾皆九色，石上天然镌有"玉儿"两字，玉儿为潘妃小名，工巧妙丽，天然生成。

唐懿宗女儿同昌公主出嫁时作为陪嫁品伴随，从南齐至晚唐数百年时间辗转收藏，可知收藏雨花石在南北朝时即有，并一直影响至唐代。

> **龙** 我国古代的神话与传说中的一种神异动物。其能显能隐，能细能巨，能短能长。春分登天，秋分潜渊，呼风唤雨。封建时代，龙是帝王的象征，也用来指至高的权力和帝王的东西。其与白虎、朱雀、玄武一起并称"四神兽"。

■ 雨花石"蜡梅飘香"

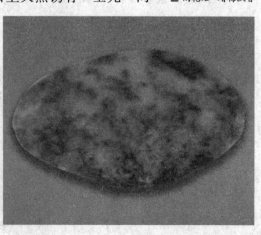

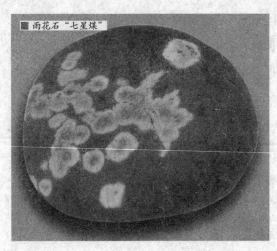
雨花石"七星媒"

爱雨花石成癖,陈朝也不示弱,曾将顽石封为三品,唐人爱石之风向士大夫阶层扩散,唐代李白、杜甫、王维等人诗文,均有咏石之作。南宋出现了杜绾所著的我国第一部石谱《云林石谱》,上面曾说:

江宁府江水中有碎石,谓之螺子,凡有五色。大抵全如六合县灵岩及他处所产玛瑙无异,纹理莹莹石面,望之透明,温润可喜。

这是最早记述雨花石的石谱。

南宋末年,大收藏家周密也记载了他喜爱雨花石的经过,对于雨花石珍品水胆雨花空青石作了最早的描述:"经三寸许,撼之其中,有声汩汩然,盖中虚有在内故也。"由此可见,在南宋雨花石已经成为人们眼中的奇珍而被关注。

明太祖朱元璋60岁寿辰时,宠孙朱允炆在盘子中用雨花石拼成"万寿无疆"4个大字,连同一个酷似寿桃的雨花石,作为祝寿之礼和盘托出,皇亲国戚、文武百官无不称奇,使朱元璋龙颜大悦。

雨花石中自然形成的"人物"图案

朱允炆称帝后，对雨花石仍情有独钟，内宫案头，时有雨花石供品。

明代书法家米万钟，字友石，又字仲诏，自号石隐庵居士。米万钟为宋代大书法家米芾后裔，一生好石，尤擅书画，晚明时与董其昌有"南董北米"之称。

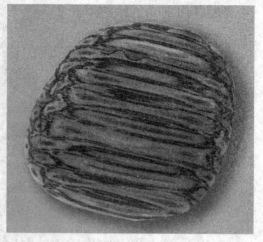

■ 斑纹雨花石

米万钟于1595年考中进士，次年任六合知县。米万钟对五彩缤纷的雨花石叹为奇观，于是悬高价索取精妙。当地百姓投其所好争相献石，一时间多有奇石汇于米万钟之手。

米万钟所收藏的雨花石贮满了大大小小各种容器。常于"衙斋孤赏，自品题，终日不倦"。其中绝佳宝石有"庐山瀑布""藻荇纵横""万斛珠玑""三山半落青天外""门对寒流雪满山"等美名。并请吴文仲画作《灵岩石图》，胥子勉写序成文《灵山石子图说》。

米万钟对雨花石的鉴赏与宣传，贡献良多。米万钟爱石，有"石痴"之称。他一生走过许多地方，向以收藏精致小巧奇石著称。

其后，林有麟对雨花石的研究也很有成就，所著《素圆石谱》精选35枚悉心绘制成图，一一题以佳名。林有麟在素园建有"玄池馆"专供藏石，将江南三吴各种地貌的奇石都收集置于馆中，时常赏玩。

米万钟 勤奋好学，博才多艺，毕生手不释卷，学识渊博。他尤擅长书画，作品风雅绝伦，气势浩瀚，运笔流畅。不仅诗文翰墨驰誉天下，而且在石刻、琴瑟、篆隶、棋艺、绘画以及造园艺术等方面均有较高造诣。

朋友何士抑送给林有麟雨花石若干枚，他将其置于"青莲舫"中，反复赏玩，还逐一绘画图形、品铭题咏，附在《素园石谱》之末，以"青莲绮石"命名之。

雨花石"暗香浮动"

雨花石名真正脱颖而出是在明末清初，徐荣以《雨花石》为题写了一首七律诗；张岱在《雨花石铭》一文中称："大父收藏雨花石，自余祖、余叔及余，积三代而得13枚……"

再后，姜二酉也是热心收藏雨花石的大家。姜二酉本名姜绍书，明末清初藏书家、学者，字二酉，号晏如居士。

随着中外交流日益频繁，明代已经能够经常见到西洋的人了，于是姜二酉所藏雨花石也有起名如"西方美人"，此石长1.5寸，宽0.8寸，色草黄椭圆形而扁。上有西洋美女首形，头戴帽一顶，两肩如削，下束修裙，细腰美颊，丰胸凹腹，体态轻盈，人形全为黑色。

雨花石"春到梅花山"

再如，雨花石精品"暗香疏影"，石为圆形，质地嫩黄，温润淡雅，上有绿色枝条斜生石面，枝上粉红花纹绕之，鲜润艳丽，如同一树梅花，颇具诗意。

还有神秘色彩的雨花"太极图"，该石为球状，黑白分明，界为曲形，成为一幅极规范的太极图。

姜绍书之祖养讷公,是孙石云之甥,曾与石云到古旧物市场,见一圆石莹润精彩,摇一下听声好似空心,石云以为是璞玉,买回后请人剖开。一看里面是一幅天成太极图,黑白分明,阴阳互位,边缘还环绕着如霞般的红线。

而取名"云翔白鹤"的雨花石,则石质淡灰如云,云端中跃然一只白鹤,其翱翔神态栩栩如生。

另外,极具生活情趣的"松鼠葡萄",石做腰子形,色酱黄,中有黑色松鼠一只,翘着尾巴,正在吃一串葡萄。

"梅兰竹菊"为4枚雨花石,梅石疏影横斜;兰石幽芳吐馥;竹石抱虚传翠;菊石傲霜迎风。四石各具其妙。

不可再得的"猫鸟双栖"石,上部有二鸟栖于枝头,下有双猫相对而伏,神采奕奕。

神奇孤品"老龟雏鹅",此石黑质白章,一面为伸颈老龟之大像,一面是一只天真的小鹅雏。

清代《西游记》小说与京剧开始流传,所以有

太极图 实际上有很多种,诸如周敦颐太极图,先天太极图原名"天地自然之图",俗称"阴阳鱼图"。还有古太极八卦图,以先天太极图周围配以八卦符号。历经流传,各图唯有先天太极图以及古太极八卦图人尽皆知。因此,后世所称的"太极图"即"阴阳鱼图"或"天地自然之图"。

■ 雨花石"对梅"

雨花石"红梅闹春"

的雨花石就命名为"悟空庞",色如豇豆,上有一元宝形曲线且凸出石表面,在曲线正中偏上处恰又生出两个平列的小白圈,圈内仍是豇豆红色,极似京剧舞台上的孙悟空脸谱。

清乾隆帝在位60年,曾6次南巡,南京乃必到之地。以雨花台为题的诗便有5首,如《雨花台口号》《戏题雨花台》等;在莫愁湖畔的景观石上刻有他"顽石莫嗤形貌丑,娲皇曾用补天功"的诗句。

乾隆皇帝十分珍爱的有4枚雨花石。其中一枚龙首毕现,出神入化,令人称奇,名为"真龙天子"。

阅读链接

清末雨花石收藏大家河北雍阳人王猩囚,世称猩翁。天津为主要生活工作地。

"数十年荒淫于雨花"并写就《雨花石子记》,科学地提出雨花石因长江而形成的观点,并就雨花石的质、形、色、纹、定名、玩赏、品级、交易等进行全面论述,读来令人耳目一新,受益匪浅。

猩囚先生乃北地人氏却爱上南方的雨花石,也可以说是一种缘分,但彼此天各一方,能坚持数十年不改初衷,即使在日寇杀我南京30万同胞后的1939年,仍不忘托人一次次在南京为其采石、购石、邮石,尤其令人感慨不已!

仙女化身——翡翠

翡翠颜色美丽典雅,深深符合我国传统文化的精华,是古典灵韵的象征,巧妙别致之间给人的是一种难忘的美,是一种来自文化深处的柔和气息,是一种历史的沉淀、美丽的沉积。

古老相传,翡翠是仙女精灵的化身,被人称为"翡翠娘娘"。据说翡翠仙女下凡后,生在我国风景秀美的云南大理的一个中医世家,

■ 清代翡翠螭纹杯

天生丽质，乐施于人。

一个偶然的机会，缅甸王子被她那美丽的容貌迷住了，于是用重金聘娶翡翠仙女。

自从翡翠仙女嫁给了缅甸王子成为"翡翠娘娘"后，她为缅甸的穷苦劳动人民做了许许多多的好事，为他们驱魔治病解除痛苦，还经常教穷人唱歌、跳舞。

然而，"翡翠娘娘"的所作所为却违反了当时缅甸的皇家礼教。国王非常震怒，将"翡翠娘娘"贬到缅甸北部密支那山区。

■ 清代翡翠葡萄

"翡翠娘娘"的足迹几乎踏遍了那里的高山大川，走到哪里就为哪里的穷人问医治病。

后来"翡翠娘娘"病逝在密支那，她的灵魂化作了美丽的玉石之王"翡翠"。于是，在缅甸北部山区，凡是"翡翠娘娘"生前到过的高山大川都留下了美丽的翡翠宝石。

翡翠之美在于晶莹剔透中的灵秀，在于满目翠绿中的生机，在于水波浩渺中的润泽，在于洁净无瑕中的纯美，在于含蓄内敛中的气质，在于品德操行中的风骨，在于含英咀华中的精髓，美自天然，脱胎精工，灵韵具在，万世和谐。

翡翠宝石通常被用来制作女子的手镯。手镯的雏形始于新石器时代，第一功效是武器，然后才有装饰

铭文 又称金文、钟鼎文，指铸刻在青铜器物上的文字。与甲骨文同样为我国的一种古老文字，是华夏文明的瑰宝。本指古人在青铜礼器上加铸铭文以记铸造该器的缘由、所纪念或祭祀的人物等，后来就泛指在各类器物上特意留下的记录该器物制作的时间、地点、工匠姓名、作坊名称等的文字。

作用。东周战国时期的手镯于后世手镯区别不大，称为"环"或"瑗"，汉代为"条脱"或"跳脱"，至明代初年仍有人使用这个名字，"手镯"一词是明代才出现的。

在我国古代，玉乃是国之重器，祭天的玉璧、祀地的玉琮、礼天地四方的圭、璋、琥、璜都有严格的规定。

玉玺则是国家和王权之象征，从秦朝开始，皇帝采用以玉为玺的制度，一直沿袭至清朝。

汉代佩玉中有驱邪三宝，即玉翁仲、玉刚卯、玉司南佩，传世品多有出现。

汉代翡翠中"宜子孙"铭文玉璧、圆雕玉辟邪等作品，都是祥瑞翡翠。唐宋时期翡翠某些初露端倪的吉祥图案，尤其是玉雕童子和花鸟图案的广泛出现，为以后吉祥类玉雕的盛行铺垫了基础。

翁仲 原本指的是匈奴的祭天神像，大约在秦汉时代就被汉人引入关内，当作宫殿的装饰物。初为铜制，号曰"金人""铜人""金狄""长狄"或"遐狄"，后来却专指陵墓前面及神道两侧的文武官员石像，成为了我国两千年来上层社会墓葬及祭祀活动重要的代表物件。除了人像之外，还包括动物及瑞兽造型的石像。

■ 清代翡翠盉

仙人 即神仙，是我国本土的信仰。仙人信仰在我国道教产生之前就有了，后来被道教吸收进来，又被道教划分出了神仙、金仙、天仙、地仙、人仙等几个等级。远在佛教传入我国之前，我国本土就有了仙人的信仰。佛教传入我国之后，把古印度的外道修行人也翻译成了仙人。

辽、金、元时期各地出土的各种龟莲题材的玉雕制品就是雕龟于莲叶之上。在明代，尤其是后期，在翡翠雕琢上，往往采用一种"图必有意，意必吉祥"的图案纹饰。

清代翡翠吉祥图案有仙人、佛像、动物、植物，有的还点缀着禄、寿福、吉祥、双喜等文字。

清代翡翠中吉祥类图案的大量出现、流行，实际上从一个侧面体现了当时社会人们希望借助于翡翠来祝福他人、保佑自身、向往与追求幸福生活的心态。至清代，翡翠大量应用，生产了许多的翡翠珍品。

如绿翡翠珠链，粒径0.11厘米至0.15厘米，长49.5厘米，翠色纯正，珠粒圆润饱满，十分珍贵。尤其少见的黄翡翠项链，粒径0.76厘米至1.18厘米，链长73.5厘米，蛋黄色纯正，珠粒圆润饱满。

还有翡翠双股珠链，共用翡翠珠108枚，枚径0.76厘米至0.94厘米，一股长45.7厘米，另一股长50.8厘米，颜色鲜艳，翠质均匀细腻，颗粒圆润饱满，十

■ 绿翡翠珠链

■ 清代翡翠锦鲤摆件

分珍贵。

稍大型的器件如清翡翠观音立像，高17厘米，整体翠色浓艳，翠质细腻温润，雕工精美，观音菩萨面部生动自然，衣褶飘逸，栩栩如生，安然慈祥，殊为珍贵。

还有翡翠送子观音像。"送子观音"俗称"送子娘娘"，是抱着一个男孩的妇女形象。

"送子观音"很受我国妇女喜爱，人们认为，妇女只要摸摸这尊塑像，或是口中诵念和心中默念观音，即可得子。

据说晋朝有个叫孙道德的益州人，年过50岁，还没有儿女。他家距佛寺很近，景平年间，一位和他熟悉的和尚对他说：你如果真想要个儿子，一定要诚心念诵《观世音经》。

孙道德接受了和尚的建议，每天念经烧香，供奉观音。过了一段日子，他梦见观音，菩萨告诉他：

观音 又作观世音菩萨、观自在菩萨、光世音菩萨等。他相貌端庄慈祥，经常手持净瓶杨柳，具有无量的智慧和神通，大慈大悲，普救人间疾苦。当人们遇到灾难时，只要念其名号，便前往救度，所以称观世音。观世音菩萨在佛教诸菩萨中，居各大菩萨之首，是我国百姓最崇奉的菩萨，拥有信徒最多，影响最大。

■ 翡翠关公像 关公是东汉末年著名将领，是刘备最为信任的将领之一。在关羽去世后，其形象逐渐被后人神化，历来是民间祭祀的对象，被尊称为"关公"；又经历代朝廷褒封，清代时被奉为"忠义神武灵佑仁勇威显关圣大帝"，崇为"武圣"，与"文圣"孔子齐名。

"你不久就会有一个大胖儿子了。"

果然不久夫人就生了个胖乎乎的男孩。

清翡翠雕佛坐像，高32厘米。颜色温润通透，翠质均匀细腻，通体硕大完美，坐佛两耳垂肩，双手合十盘腿而坐，整体庄严肃穆，十分珍贵。

比较高大的是一尊清翡翠关公雕像，高约1.22米，重约110千克，带底座，右手持雕龙大刀。人物头戴头盔，左手托长须，身披战袍铠甲，脚蹬长靴，眼睛微闭下视，神情威严。

这件雕像的材质在灯光下肉眼观察，可看出质地细腻、结构颗粒紧密、颜色柔和、石纹明显，轻微撞击，声音清脆悦耳，明显区别于其他石质，通身白中泛青，接近糯米种，腿部还飘有淡淡的紫罗兰花，可以说是开门的翡翠料。

这件翡翠作品雕工十分考究细腻，通体浮雕散落的云朵、头盔、铠甲雕刻得细致入微，战袍的褶皱也十分自然合理。一把胡须丝丝入微，肉眼看十分清晰均匀。

关公的左臂肩膀处还有精细的兽面浮雕，右臂

螭龙 龙为中华民族的象征，龙有多种，无角称螭龙。战国时期，螭龙纹头部的特征是圆眼、大鼻、眼尾稍有细长线。猫耳，大多数耳朵方圆。腿部线条弯曲，脚爪往往向上翘起，用曲折的弧形线，尽情地把关节主要活络脚骨都表现出来。

所持长刀刀身雕有龙和日，显得栩栩如生，惟妙惟肖，这都是古代优秀老工匠才能完成的。关公神情威严，双眼下视，似睁似闭，相当传神，属于清代关公的造型。

另外，翡翠还大量应用于带扣等实用并精美装饰两用的物品中。

如清乾隆雕螭龙带扣，长5.1厘米，此件翡翠质地细腻，雕工精细，造型高古。翡翠雕带扣较为少见，如此质地的翡翠带扣在清代也当属稀有之物。

金黄色的老翡翠相当罕见，清代中期老翡翠金黄色螭龙带扣，长5.7厘米，宽3.3厘米，最厚1.9厘米，雕工一流，螭龙盘转有力，栩栩如生。通体宝光四溢，非常漂亮，整体打磨仔细，已看不到砣痕。

其他还有江苏省常州茶山发现的清代翡翠玉翎管，长6.5厘米，直径1.4厘米，孔径0.8厘米，翠绿、灰白相间，有光泽。圆柱形，中空，上端有宽柄，柄上钻一透孔。

按大清律例，文官至一品镇国公、辅国公得用翠玉翎管；武官至一品镇国将军、辅国将军得用白玉翎管。故在清代，佩戴翡翠翎管和白玉翎管常为一品文武高官的象征。

清朝的官帽，在顶珠下有翎管，用以安插翎枝。清翎枝分蓝翎和花翎两种，蓝翎为鹖羽所做，花翎为孔雀羽所做。花翎在清朝是一种辨等威、昭品秩的标志，非一般官员所能戴用。

其作用是昭明等级、赏赐军功，清代各帝都三令五申，既不能簪

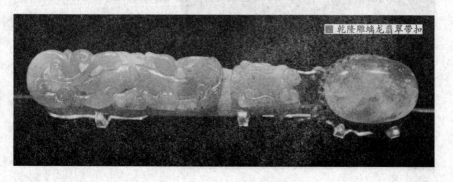

乾隆雕螭龙翡翠带扣

额驸 清宗室、贵族女婿的封号。清代制度，皇后所生封固伦公主，其夫称固伦额驸；妃嫔所生女封和硕公主，其夫称和硕额驸；宗王女封郡主，其夫称郡主额驸；郡王女封县主，其夫称县主额驸；贝勒女封郡君，其夫称郡君额驸；贝子女封县君，其夫称县君额驸；镇国公、辅国公女封乡君，其夫称乡君额驸。

越本分妄戴，又不能随意不戴，如有违反则严行参处；一般降职或革职留任的官员，仍可按其本任品级穿朝服，而被罚拔去花翎则是非同一般的严重处罚。花翎又分一眼、二眼、三眼，三眼最尊贵；所谓"眼"指的是孔雀翎上眼状的圆，一个圆圈就算作一眼。

在清朝初期，皇室成员中爵位低于亲王、郡王、贝勒的贝子和固伦额驸，有资格享戴三眼花翎。清朝宗室和藩部中被封为镇国公或辅国公的亲贵、和硕额驸，有资格享戴二眼花翎。五品以上的内大臣、前锋营和护军营的各统领、参领，有资格享戴单眼花翎，而外任文臣无赐花翎者。

由此可知花翎是清朝居高位的王公贵族特有的冠饰，而即使在宗藩内部，花翎也不得逾分滥用。有资格享戴花翎的亲贵们要在10岁时，经过必要的骑、射两项考试，合格后才能戴用。

如清代神童翠玉翎管，翎管长3.8厘米，是普通翎管的一半。翠玉翎管基本为整体满深绿翠，有小点的白地，质地坚硬，雕琢精细，光滑，具玻璃质感。但有一面有较重的腐蚀，手感不平。

神童翎管与名声显赫文武高官顶戴的翎管比较，数量极其稀少。

■ 翡翠翎管

清代翡翠狮钮印章，上面有一尊狮子钮，带提油。下面的翠印还带点红翡，寓意好，印章高2.6厘米，宽度1.7厘米，厚度0.9厘米。

翡翠不仅用于当时的器物，还应用于仿古代青铜器型中。

■ 翡翠瓜果摆件

如清翡翠双耳盖鼎，高13.8厘米，颜色浓艳，翠质细腻，工艺精细，整体厚重敦实，尤为珍贵。

类似的还有翡翠瓜果方壶摆件，高25.5厘米，颜色浓淡相宜，翠色润透，雕刻精细，整体生机盎然，较为难得。

瓜果还可以单独成为有吉祥寓意的摆件，如清翡翠雕瓜果福禄寿摆件，高13厘米，翡翠大料为材，局部呈红翡，大面积现绿色。镂空圆雕，中有黄瓜、萝卜、寿桃等瓜果。边有饰铜钱一串。

瓜藤蔓蔓，枝叶茂盛，还有小花朵朵点缀。黄瓜别名胡瓜，有福禄寓意，寿桃寓意长寿，铜钱串是财的象征，三者合一，福禄寿三全。是为吉祥如意之物。原配紫檀松石座，镂雕精致。

而富有寓意的如"五子登科"翡翠摆件，五子登科也称"五子连科"，《三字经》中记载：

窦燕山，有义方，教五子，名俱扬。
养不教，父之过，教不严，师之惰。子不

鼎 是从陶制的三足鼎演变而来的，是商周时期最重要的礼器之一。后来变为统治阶级政治权力的重要象征，视为镇国之宝和传国之宝，也是"明贵贱，别上下"等级制的标志。

《三字经》与《百家姓》《千字文》并称为三大国学启蒙读物。《三字经》是中华民族珍贵的文化遗产。其内容涵盖了历史、天文、地理、道德以及一些民间传说。其独特的思想价值和文化魅力仍然为世人所公认，被历代中国人奉为经典并不断流传。

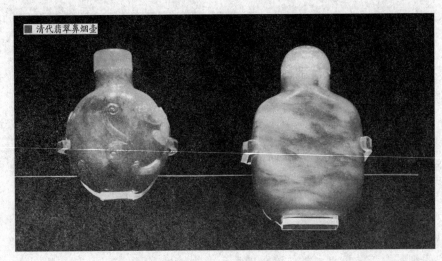

■ 清代翡翠鼻烟壶

学，非所宜。幼不学，老何为？玉不琢，不成器。人不学，不知义。

后来逐渐演化为五子登科翡翠摆件的吉祥图案，寄托了一般人家期望子弟都能像窦家五子那样联袂获取功名。

五代时的蓟州渔阳人窦禹钧年过而立尚无子，一日梦见祖父对他讲，必须修德而从天命。自此，窦禹钧节俭生活，用积蓄在家乡兴办义学，大行善事。

以后，他接连喜得5个儿子，窦仪、窦俨、窦侃、窦偁、窦僖。窦父秉承家学，教子有方，儿子们也勤勉饱读，相继在科举中取得佳绩，为官朝中，是为"五子登科"，在渔阳古城传为佳话。

清代叶赫那拉氏慈禧太后珍爱玉器与历代帝王相比是空前绝后的，并特别喜欢翡翠，将它看得比什么珍宝都贵重，她用过的玉饰、把玩的玉器数量多到足以装满3000个檀香木箱。

慈禧太后喜爱翡翠为当时的满汉官员所知晓，于是他们纷纷进贡献宝来博取她的赏识。太后对翡翠的偏爱超过对高品质的钻石的喜爱，有两件事可以说明：

第一件事，慈禧太后是个地道的翡翠迷，曾有个外国使者向她献上一枚大钻石。她慢条斯理地瞟了一眼，挥挥手道："边儿去。"

她不稀罕喷着火彩的钻石，反而看上另一个人向她进献的小件翡翠，"好东西，大大有赏"！给了他价值不菲的赏赐。

第二件事，恭亲王奕䜣退出军机之前，叔嫂因国事而争论产生不快。恭王新得一枚祖母绿色翡翠扳指，整天戴在手上，摩挲把玩。

没几天，慈禧召见恭王，看见他手上戴着一汪水般的翡翠扳指，便让摘下来瞧瞧。谁知慈禧拿过来一面摩挲一面夸好，颇似爱不释手的样子，一边问话，顺手就搁在龙书案上了。

恭王一看扳指既然归还无望，只好故作大方，贡奉给她了。

慈禧太后的头饰，全由翡翠及珍珠镶嵌而成，制作精巧，每一枚翡翠或珍珠都能单独活动；手腕上戴翡翠镯；手指上戴10厘米长的翡翠扳指，尤其她还有一枚戒指，是琢玉高手依照翠料的色彩形态，雕琢成精致逼真的黄瓜形戒饰。

甚至，慈禧的膳具是玉碗、玉筷、玉勺、玉盘。慈禧太后拥有13套金钟、13套玉钟，作为皇宫乐队的主要乐器。玉钟悬挂于2.67米

扳指 满族人最早的扳指是鹿的骨头做的，戴在右手拇指上，拉弓射箭的时候可以防止快速的箭擦伤手指，至后来不打仗了，渐渐有了玉石和金银等贵重材料做的扳指，象征权势地位，也体现满洲贵族尚武精神，到了后期纯为装饰。

■ 清代翡翠寿星摆件

高，1米宽的雕刻精巧的钟架上。

1873年，慈禧太后开始给自己选"万年吉地"，兴建陵墓。陵址选好后，她就将手腕上的翡翠手串儿，扔进地宫当"镇陵之宝"。

慈禧太后在死后仍以翡翠珠宝为伴。在李莲英的《爱月轩笔记》里散乱地记述了慈禧入殓时的所见所闻：

"老佛爷"身穿金丝福字上衣，平金团寿缎褂，外罩串珠彩绣长袍；头戴珍珠串成的凤冠，上面最大一枚如同鸡卵，重约4两；胸前佩戴着两挂朝珠和各种各样的饰品，用珍珠800枚、宝石35枚；腰间系串珠丝带，共计9条；手腕佩饰一副钻石镶嵌的手镯，由一朵大菊花和6朵小梅花连成，精致无比；脚蹬一双金丝彩绣串珠荷花履……口中还含着一枚罕见的大夜明珠。慈禧尸体入棺前，先在棺底铺了3层绣花褥子和一层珍珠，厚约33厘米。

第一层是金丝串珠锦褥，面上镶着大珍珠12604枚、红蓝宝石85枚、祖母绿两枚、碧玺和白玉203枚；第二层是绣满荷花的丝褥，上面铺撒着珍珠2400枚；第三层是绣佛串珠薄褥，用了珍珠1320枚；头上安放一片碧绿欲滴的翡翠荷叶，重22两。脚下放着一朵粉红色玛瑙大莲花，重36两。

尸体入棺后，其头枕黄绫芙蓉枕，身盖各色珍珠堆绣的大朵牡丹

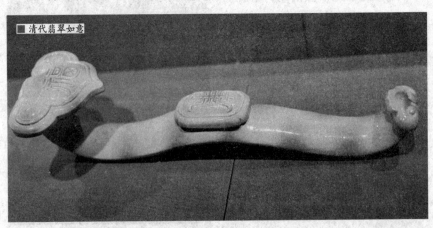

■ 清代翡翠如意

花衾被；身旁摆放着金、玉、宝石、翡翠雕琢的佛爷各27尊；腿左右两侧各有翡翠西瓜一只、甜瓜两对、翡翠白菜两棵，宝石制成的桃、杏、李、枣200多枚。白菜上面伏着一只翠绿色的蝈蝈，叶旁落着两只黄蜂。

尸体左侧放一枝翡翠莲藕，3节白藕上雕着天然的灰色泥土，节处有叶片生出新绿，一朵莲花开放正浓。尸体右侧，竖放一棵玉雕红珊瑚树，上面缠绕青根、绿叶、红果的盘桃一只，树梢落一只翠色小鸟。

■ 翡翠蝈蝈白菜

另外，棺中还有玉石骏马、十八罗汉等700余件。棺内的空隙，填充了4升珍珠和2200枚红宝石、蓝宝石。入殓后，尸体再覆盖一床织缀着820枚珍珠的捻金陀罗尼经……

阅读链接

早期翡翠并不名贵，身价也不高，不为世人所重视，清代纪晓岚在《阅微草堂笔记》中写道："盖物之轻重，各以其时之时尚无定滩也，记余幼时，人参、珊瑚、青金石，价皆不贵，今则日……云南翡翠玉，当时不以玉视之，不过如蓝田乾黄，强名以玉耳，今则为珍玩，价远出真玉上矣。"

据《石雅》得知20世纪初大约45千克重的翡翠石子值11英镑。翡翠石子中不乏精华，当时价格也很贵，但与21世纪初1000克特级翡翠七八十万美元相比，简直是小巫见大巫。

孔雀精灵——孔雀石

孔雀石是铜的表生矿物，因含铜量高，所以呈绿色或暗绿色，古时也称为"石绿"。因其颜色和它特有的同心圆状的花纹犹如孔雀美丽的尾羽，故而得名，也因此尤为珍贵。

蓝色孔雀石原石

孔雀石由于颜色酷似孔雀羽毛上斑点的绿色而获得如此美丽的名字。我国古代称孔雀石为"绿青""石绿"或"青琅玕"。

关于孔雀石名称的由来，有一个凄艳的传说：

远古时候，阳春石菉一带荒山野岭，人烟稀少，有个青年名叫亚文，上山劳作，看见一只鹰紧紧追赶一只绿色孔雀，孔雀被鹰击伤坠地。

亚文赶走了鹰，救出孔雀，把它带回家中敷药治伤，终于把孔雀治好了，就把孔雀带到山林中放飞，孔雀在半空盘旋了一周，向亚文叫喊几声，就向南飞去了。

亚文继续每天艰辛劳动。

有一天，天气酷热，亚文中暑昏倒。过一会儿亚文悠悠醒来，看见一只美丽的绿衣姑娘给他喂药，他很是感激。

姑娘说道："感君前次的救命之恩，我今天特来相报。"

亚文才知道姑娘是孔雀变的。他们款款交谈，产生了爱情。姑娘告辞时，亚文依依不舍。姑娘约亚文半夜到石菉河边相会，这一夜，孔雀姑娘依约到河边，和亚文结为夫妻。

孔雀姑娘偷下凡尘和亚文成亲的消息，被天帝知道了，天帝就命令天将将孔雀姑娘压在石菉山下。

亚文回家不见了孔雀姑娘，四处寻找，非常痛苦，他为财主挖山采矿听到大石中传出孔雀姑娘的声音，他为救出姑娘，就邀集矿工开山炸石，终于看见了绿莹莹的孔雀石，采回去开炉冶炼三天三夜，炼出了金光耀目的铜块。

亚文把铜块磨成铜镜，用水洗净对镜照看，忽然

■ 孔雀石狮子

天帝 即我国传说中的玉皇大帝，居住在玉清宫。道教认为玉皇为众神之王，在道教神阶中修为境界不是最高，但是神权最大。玉皇上帝除统领天、地、人三界神灵之外，还管理宇宙万物的兴隆衰败、吉凶祸福。

■ 圆形孔雀石

发现孔雀姑娘向他微笑。亚文把铜镜放在床头，经常看着孔雀姑娘微笑的脸孔，无限痛苦地相思。

天帝见亚文和孔雀姑娘深情相爱，就恩准他们结为夫妻，双双飞升天界去了。从此石菉山岭下就埋藏着许多美丽的孔雀石……

石家河文化是新石器时代末期铜石并用时代的文化，距今约4600年至4000年，因首次发现于湖北省天门市石河镇而得名，主要分布在湖北省及河南省豫西南和湖南省湘北一带。

此地有一个规模很大的遗址群，多达50余处，该处已经发现有铜块、玉器和祭祀遗迹、类似于文字的刻画符号和城址，表明石家河文化已经进入文明时代。

在石家河文化邓家湾遗址发现了铜块和炼铜原料孔雀石，标志着当时冶铜业的出现。

公元前13世纪的殷商时期，就已有孔雀石石簪等工艺品、孔雀石"人俑"等陪葬品，由于它具有鲜艳的微蓝绿色，使它成为古代最吸引人的装饰材料之一。

如河南省安阳殷墟发现用来冶炼青铜的矿石中就有孔雀石，其中最大的一块重达18.8千克。

河南省三门峡市上村岭西周晚期至春秋初期的虢

殷墟 我国商代后期都城遗址，是我国历史上被证实的第一个都城，位于河南省安阳市殷都区小屯村周围，横跨洹河两岸，殷墟王陵遗址与殷墟宫殿宗庙遗址、洹北商城遗址等共同组成了规模宏大、气势恢宏的殷墟遗址。商代从盘庚至帝辛，在此建都达273年。

国贵族墓地遗址中,也发现有孔雀石两件。还有大量动物形玉饰,如玉狮、玉虎、玉豹、玉鹿、玉蜻蜓、玉鱼及玉海龟等。

其他西周墓地也发现有大量孔雀石制成的珠、管等饰品。

河北省涿鹿的春秋战国时期墓葬发现的遗物中,也有孔雀石和与孔雀石伴生的蓝铜矿。

古人还把孔雀石当作珍贵的中药石药,《本草纲目》记载:

> 石绿生于铜坑内,乃铜之祖气也,铜得紫阳之气而变绿,绿久则成石,谓之石绿。

我国古代还用于绘画颜料,也称"石绿",便是

虢国 是西周初期的重要诸侯封国。周武王灭商以后,周文王的两个弟弟分别被封为虢国国君,虢仲封东虢,即今河南省荥阳县西汜水镇。虢叔封西虢,即今陕西省宝鸡市东。东虢国于公元前767年被郑国所灭。西虢国于公元前655年被晋国所灭。

■ 孔雀石雕刻

丝绸之路 人们通常所指的丝绸之路是穿越中亚、翻过帕米尔高原、抵达西亚的线路。若再往北走，则是北路，往南走是南海路。丝绸之路不仅是中国联系东西方的"国道"，也是整个古代中外经济及文化交流的国际通道。

以孔雀石为原材料磨制而成，经千年而不褪色。

西汉南越王墓发现的孔雀石药石、铜框镶玉卮和铜框镶玉盖杯，还有带着明显铜沁的玉角杯。这些遗物强烈暗示，在2200年前的西汉时期，阳春的孔雀石已被南越王用来作为绘画的颜料，作为炼丹的药石，作为炼铜的原料，作为镶嵌用的玉石。

广东省阳春的孔雀石开采及冶铜，始于东汉时期，在矿区考古发现的汉代冶炼遗址延绵几千米长，遗留的铜矿废渣竟达100多万吨。

唐代孔雀石又被称为豹纹石，人们发现了孔雀石石质较软，易于雕刻加工，因此唐代孔雀石其制作工艺复杂，有些孔雀石器物加工的极为精细，平底极平，圆器极规整，弧度极优美，器物壁极薄，器盖与器身严丝合缝，看着这些精美的器物，真感觉唐人的智慧是不可想象的。

■ 孔雀石狮子雕刻

如唐代孔雀石盒，高5.2厘米，口径15.5厘米，腹径16.5厘米。盒直壁，玉璧底，子母口。可能是沿丝绸之路运来的孔雀纹石，此种石料唯长安、洛阳唐代遗址有发现，从器型和一起发现的其他器物推断，此种材料的器物当时十分珍贵。

与此相类似的还有孔雀石粉盒，直径7厘米，高3.3

厘米。

在唐代时，根据《无量寿经》记载，孔雀石也曾作为佛教七宝之一，有时还被制成盛装佛骨舍利的函。

如唐孔雀石舍利函，函为长方形清碧色带花斑孔雀石，盖为覆斗形，子母口。庄严神圣。

函内的棺为黄金制成，棺盖四周用金线缀满琉璃珠，棺前挡上方正中缀一颗较大琉璃珠，以下錾出双扇大门，门上方为弧形，门上有数排门钉，描绘朱砂。

琉璃瓶多面磨刻，长颈，盖为带錾工、形如花蒂的黄金制成。瓶内盛数枚不同颜色的固体物，应是佛舍利。

铁灯为6面楼阁，1面开门，5面开窗，阁内有佛；阁上方为榭，带护栏，6面各站一佛，态度娴静，榭中间灯柱为一擎物力士，鼓肌瞠目，极富力度；力士头擎莲花，花瓣分3层，花蕊作为灯盏，俊逸美妙；6足稍稍外撇，下部内收。整个器型庄重曼妙，富有极其浪漫的想象力。

金棺置于函内，金盖琉璃瓶置于棺内，铁质莲花灯置于函侧。为佛教仪轨中重要实物资料。

除此之外，孔雀石还有的被雕镂成熏炉、埙等日常

■ 孔雀石雕件

舍利 原指佛教祖师释迦牟尼佛圆寂火化后留下的遗骨和珠状宝石样生成物。舍利子译成中文叫灵骨、身骨、遗身。它的形状千变万化，有圆形、椭圆形，有成莲花形，有的呈佛或菩萨状；它的颜色有白、黑、绿、红的，也有各种颜色；有的像珍珠，有的像玛瑙、水晶，有的像钻石一般。

■ 孔雀石

埙 我国古代重要乐器之一。3000多年前，我国古代依据制造材料的不同，把乐器分为金、石、土、革、丝、竹、匏、木8种，称为八音。八音之中，埙独占土音。在整个古乐队中起到充填中音，和谐高低音的作用。

用具和乐器，代表了唐时代长安和洛阳豪华的风尚。

如这件唐孔雀石熏炉，高8.5厘米，口径4厘米，底径9.5厘米，以当时极其名贵的进口料孔雀石制成，用以点燃薰香。

唐代孔雀石埙，直径28厘米，高9.5厘米，口径1.2厘米，底径5厘米，正面6孔，背面两孔，吹奏音质如初，是我国音乐史重要的史料。

至宋代，瓷器制作得到空前的发展，匠人们发现，若将孔雀绿敷盖于青花上，则青花色调变黑，颇有磁州窑孔雀绿黑花的效果。

这时的孔雀石雕刻器物如宋代孔雀石印章，文房用具，高6.5厘米，宽3.5厘米，重153克。还有孔雀石原石摆件，高约30厘米，宽约20厘米，厚15厘米左右，重竟达15—20千克。

这种技术一直延续至后世的明清时期。如明朝孔雀石兽镇,高11厘米,雕刻的瑞兽外相十分凶猛强悍。

还有明代孔雀石鱼纹海水纹文房罐,高5.8厘米,直径9厘米,孔雀石颜色非常漂亮,带四鱼纹饰,下部为海水纹饰。

清朝的慈禧太后,就曾经用孔雀石、玛瑙、玉三种宝石制作的面部按摩器,在脸上穴位滚动,从而促进面目血液循环,调整面部神经,从而能达到祛斑、美白的作用。

北京也珍藏着清宫廷赏玩的孔雀石山水盆景和工艺品。清代宫廷将孔雀石视为雅石文房材料中的一种,如清代孔雀石嵌白玉雕人物故事山子,此山子以天然孔雀石雕刻而成,通景山石人物故事图。山石层叠,高台侧立,古树参天,苍松繁茂,屋舍隐约,右侧高仕童子携琴访友。

画面中人物以和田白玉圆雕而成,与孔雀石颜色相映成趣,雕工精湛,浑然天成。是典型的清代工艺风格。

再如,清代孔雀石盘,高1.8厘米,长20.7厘米,宽15.4厘米。盘为绿色孔雀石制成,浅式,雕成荷叶形。盘内、外有阴刻和浅浮雕

> **瑞兽** 是原始人群体的亲属、祖先、保护神的一种图腾崇拜,是人类历史上最早的一种文化现象。我国古代有四大瑞兽,分别是东方青龙、南方朱雀、西方白虎、北方玄武,另外还有麒麟也是我国古代的一种瑞兽。

孔雀石龙钵

孔雀石摆件

的叶脉纹。此盘孔雀石含有绿色的美丽花纹。其下以红木透雕的荷花枝为座。亮色的浅盘与暗色的木座搭配，形成鲜明的色彩对比。

还有清孔雀石鼻烟壶，高6.5厘米，口径1.6厘米，扁圆形，通体为深浅绿色花纹相间，充分显示出孔雀石天然生成的纹理。其顶上有錾花铜镀金托嵌红色珊瑚盖，下连以玳瑁匙，底有椭圆形足。

以孔雀石制作的鼻烟壶极为少见，此烟壶颜色深沉，盖钮以红色珊瑚加以点缀，可谓万绿丛中一点红，使烟壶整体显得十分活泼。

阅读链接

孔雀石的品种有普通孔雀石、孔雀石宝石、孔雀石猫眼石、青孔雀石。孔雀石宝石是非常罕见的孔雀石晶体。

孔雀石作为观赏石、工艺观赏品，要求颜色鲜艳，纯正均匀，色带纹带清晰，块体致密无洞，越大越好。孔雀石猫眼石要求其底色正，光带清晰。

孔雀石虽然名字里有个"石"，却几乎没有石头坚硬、稳固的特点。它的韧性差，非常脆弱，所以很容易碎，害怕碰撞。所以，孔雀石的首饰设计需要以精湛的工艺为依托，否则，再漂亮的款式，也无法让石头按照人们的意愿去改变。

纯洁如水——水晶

世人都相信，天下最纯真的东西莫过于水晶。它常被人们比作纯洁少女的泪珠，夏夜苍穹的繁星，圣人智慧的结晶，大地万物的精辟。

人们还给珍奇的水晶赋予了许多漂亮的神话故事，把意味、企望与一个个不解之谜托付于它。

有关水晶的本源，民间广泛传播两个故事，一种传说，水晶是由天上的晶牛带来的。

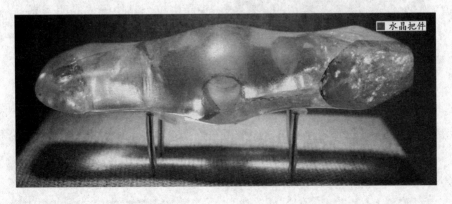
水晶把件

据讲早先东海牛山脚下有个种瓜老汉,摆弄了一辈子西瓜。这年春旱,牛山都干裂了缝,瓜老汉种了5亩西瓜,每天拼死拼活挑水灌溉才保住了一个西瓜。西瓜越长越大,不觉竟有笆斗大。

此日晌午,邻村一个绰号"烂膏药"的财主走得口渴,非要买这个瓜解渴。

老汉正踌躇,这时猛然从瓜肚子里传来牛的乞请声:"瓜爷爷,我是牛山的晶牛,你快救救我!"

种瓜老汉感到奇怪,问:"你怎么钻到瓜肚子里了?"

晶牛慢慢说道:"天太热,我渴极了钻到这瓜里喝瓜汁,撑得出不来了。"

"我怎么救你呢?"瓜老汉急得直搓手。

晶牛说:"这样,你千万不可把瓜卖给那恶徒,他若把我进贡给皇上,牛山就没宝啦!你尽早把西瓜切开,放我出去吧!"

正说间,"烂膏药"使唤仆人前来抢西瓜,说时迟那时快,瓜老汉挥刀朝西瓜劈下,就听"轰隆"一声,一道金光从瓜里射出来,照亮了半边空中。整个牛山放光闪烁。

水晶力士烛台

再看,随着金光奔出来的那头晶牛拉个晶块子,晶明透亮,把人的眼睛都照花了。

神牛见了老汉,跪倒就磕头:"瓜爷爷,你这地里有晶豆子,赶快收吧!"

"烂膏药"瞧见了晶牛,喜从天降,忙使唤仆人:"牛怕3

撑，快撒开拦住，逮住晶牛，得晶硫子，收晶豆子！"

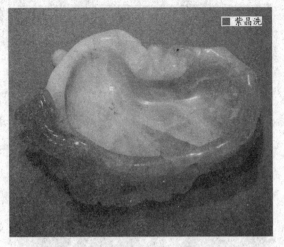
紫晶洗

一伙仆人团团将晶牛围住，晶牛东奔西突，晶硫子拉到哪边，哪边就晶光闪烁。

晶牛左冲右闯也出不了重围，瓜老汉急了，使刀背照准牛屁股"咚"地捅了一下，喊声："还不快点走！"

只听"哞"的一声吼，晶牛负痛窜将起来，一下子将"烂膏药"撞个七窍出血，过后腾空朝牛山奔去，只见牛山金光一炸，晶牛一头钻进山肚里去了。

仆人们哭丧着脸，拾掇"烂豪药"尸身拉了回去。瓜老汉再定神细看，满地上点点火亮蹦跳，他找来铁锹一挖，挖出些亮晶晶、水汪汪的石头，竟是些值钱的水晶石。

水晶与神牛，东海民间另有一种说法：相传天上一头神牛偷下尘凡，偷吃瓜农的西瓜，被瓜园的仆役发现，于是追赶，从西南至东北，神牛一边奔腾，一边撒尿，纯正的牛尿浸到哪块地里，哪块地里就长出了水晶……

传说毕竟是传说，但我国的水晶工艺历史悠久，如浙江省杭州半山镇石塘村就发现有我国战国时期的一件水晶杯。敞口、平唇，斜直壁，圆底，圈足外撇。素面无纹，造型简洁，为我国早期水晶制品中最大的一件，也可能是最早的一件水晶制品。

玉英、水玉都是水晶早期的别称。传说古时候赤松子曾服玉英，以教神农并自己跳进火里焚烧自己登仙去了昆仑山，连炎帝神农的小

■ 水晶孔雀

女儿也照此法服水晶入火自烧追随他而去。

水晶，澄澈的机体，旷世的精灵。它蕴藏着天地间的灵秀之气，流泻着宇宙里的雄浑之韵，凝聚着文明古国的文化情结。

《山海经》中，水晶又被称作"水碧"："又南三百里，曰耿山，无草木，多水碧。"郭璞注："亦水玉类。"这种称谓常被文人所引用，晋代郭景纯《璞江赋》写道："瑰，水碧潜。"

水晶又有人称作"玉瑛"。《符瑞图》记载："美石似玉，水精谓之玉瑛也"。

司马相如《上林赋》中有"水玉磊砢。"水晶得名水玉，古人是看重"其莹如水，其坚如玉"的质地。唐代诗人温庭筠《题李处士幽居》写道："水玉簪头白角巾，瑶琴寂历拂轻尘。"

而在《广雅》中则有巧解，说水晶"水之精灵也"；李时珍则说道："莹洁晶光，如水之精英。"细加考究，此称还蕴含着浓厚的宗教意味呢！

水精一名，最初见于佛书，后汉支曜翻译的《具光明定意经》说道："其所行道，色如水精。"

《广雅》中也称水晶叫"石英"，色白如莹者又

苏轼（1037年—1101年），字子瞻，一字和仲，号东坡居士。生于北宋时眉州眉山，即四川省眉山市。北宋文豪，宋词"豪放派"代表。追谥"文忠"。他在文学艺术方面堪称全才。词开豪放一派，对后世有巨大影响。代表词作有《念奴娇·赤壁怀古》和《水调歌头·丙辰中秋》等，传诵甚广。诗文有《东坡全集》等。

叫"白"。为附的异形字。司马相如《子虚赋》就有"雌黄白"之句。苏林解释说道:"白,白石英也。"

另外,水晶在古代也有其他叫法,如《庶物异名疏》中说:"水精出大秦国,一名黎难。"

结晶完整的水晶晶体,就如参差交错的马齿,所以人们又叫它马牙石。先民们最早用它研磨成眼镜片,因而送它一个"眼镜石"的绰号。

水晶有通称,也有俗称。广州一带称水晶叫"晶玉",又名"鱼脑冻";江苏省东海县山民发现水晶会"蹿火苗",于是给它起个放光石的俗名。

世间一物多名,不足为奇,而像水晶拥有这么多的别称,实不多见,从水玉、水碧、白玉、玉瑛、水精石英、黎难、晶玉至菩萨石、马牙石、眼镜石、放光石、千年冰、高山冻、鱼脑冻等,简直构成了一部奇石鉴赏史。

石头,水晶,成为楚骚、汉赋、唐诗、宋词、元曲一个歌吟不息的对象,构筑了我国文学史上许多不朽诗篇。李商隐、杜牧、白居易、欧阳修、苏轼、辛弃疾、杨万里、吴文英、杨基、魏源等诗坛,词林大家都有歌吟水晶的佳篇传世。

我国最早的大诗人屈原,同时也是有史最早提到水晶的

> **司马相如**(约前179—前118),西汉大辞赋家,是西汉盛世汉武帝时期伟大的文学家、杰出的政治家。作品辞藻华丽,结构宏大,使他成为汉赋的代表作家,后人称之为赋圣和"辞宗"。他与卓文君的爱情故事也广为流传。

■ 水晶佛像摆件

图腾 是原始人群体的亲属、祖先保护神的标志和象征，是人类历史上最早的一种文化现象。社会生产力的低下和原始民族对自然的无知是图腾产生的基础。主要是为了将一个群体和另一个区分开。由一个图腾，人们可以推理出一个族群的神话历史记录和习俗。

诗句。诗中"胜美玉""过冰清"，写出水晶的质地美，而"亦欲应时明"则描绘出水晶充满灵性的动态美，耐人寻味。

东汉时期，由于国家的强盛和民族精神的振奋，造型艺术得到了蓬勃的发展，作品中洋溢着一种深沉雄大的精神和磅礴的气势。

除了写实的具体形象外，当时的工匠们的创作思维，必然会受到我国正统的民族传统文化的影响。如我国的原始图腾崇拜、道教、儒学的各种教义、学说等，出现了神瑞化的装饰，狮生双翼、身带云火等，使各种瑞兽的形象能上天，能驱妖除魔，可以战胜一切，实现人们美好的愿望。

当时的艺术工匠们都有古代文化惯性中图腾式的造型艺术手法，他们对具体物象采取浪漫而神瑞化的装饰。

■ 水晶龟

水晶熊

《周书》记载:"无为虎傅翼,将飞入宫,择人而食。"突出表现狮子的威武、悍烈、强健和凶猛的气质;《山海经·海内北经》也说道:"穷奇,状如虎,有翼。"

可见,在突出基本物象的同时,在肩上添一双飞翔的翅膀,更加显示瑞兽的无限神威。

如兽类的头角、须毛、翼羽、爪蹄、云火等,都恰到好处地进行变形、加强和综合,装饰到兽类身上,这种装饰性的形体处理,使兽类变得怪异起来,丰富起来,使它上天能飞,下水能潜,反映人们征服自然,驱除妖魔的美好意愿。

如山东临沂市吴白庄汉墓发现的水晶兽,该器物高2.3厘米,长4厘米。通体晶莹剔透,圆雕一瑞兽形象,亦虎亦狮,弓背卧踞,以极其洗练的刀法雕刻出耳、目、鼻、口、四肢及尾部,它寂寂无声地坐在那里,神态自若地细数着千年往事……

东汉时期的丧葬制度,是现实生活的缩影。它是以一种比较抽象的、概括的而又比较固定的形式,在一定程度上把民族思想意识和风

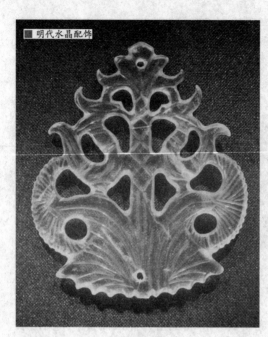
明代水晶配饰

俗习惯反映出来。

秦汉时期，祖先崇拜和灵魂不灭的观念已根深蒂固；东汉时期，儒学和统治阶级提倡重伦理的道德观念更是深入人心。受这两股思想意识的影响，东汉厚葬风气愈演愈烈。

"厚葬"之风，自然也反映到了东汉时期的造型艺术上。昭帝时贤良文学对此便有清醒的认识："生不能致其受敬，死以奢侈相高。显名立于世，光荣著于俗。"

所以，从文化的深层次上说，水晶兽的出现不限于丧葬祭祀等方面，它们更多地蕴含着诸如社会价值、人生质量、人格理想、生命境界等文化"意味"，是审美文化的一种特殊表现形态。

水晶在光照下能闪射神奇的灵光，被佛教认为是佛的五彩祥云。佛经将水晶列入佛家七宝，认为水晶是圣人智慧的结晶，大地万物的精华，能蓄纳佛家净土的光明和智慧，是珠宝中充满灵性的吉祥之物。从古至今用水晶来雕刻各类题材的艺术品出土和传世的都很多，但是用水晶雕制佛塔却很罕见。

如唐代水晶舍利佛塔，高8厘米，宽6厘米，形状为单层四方亭阁式，单檐四门，上置有宝珠顶塔刹，塔的四壁用浅浮雕刻有佛像，整个塔身的阴刻线内涂满泥金。

水晶舍利佛塔看起来不大，但用阴刻线和浅浮雕明显地刻出塔基、塔身、塔檐和宝顶几个部分。塔基以阴刻仰莲为底台，底台上以石块垒砌为座,再以刻画着象征性石级飞梯至塔身的亭座。

塔身为正方形,四周有廊柱,廊柱从上往下饰缠枝莲纹,塔身用石块垒砌到顶,挑出作为塔四角攒尖的锥状屋顶,四面单檐角略微翘起,阑额及檐下均刻网纹。攒尖式塔的屋顶为层瓦叠砌,塔顶上的塔刹以仰莲花朵捧托火焰宝珠作为顶。

在塔身的四壁辟有方门式佛龛,佛龛内用浅浮雕各刻画一尊佛像,这4尊佛像皆螺发肉髻,颜面丰满,细眉慈眼,安详恬静,身着右袒肩式衣饰,结跏趺坐于莲花座上,做着不同的手势。佛的背后发着背光,因为都是最高的佛陀,所以是头光和身光兼备的背光。

按照佛经的记载,世界是被分为4个方位的,每个方位都由一个大智大勇的佛来掌管,他们分别为东方的阿閦佛,西方的阿弥陀佛,南方的保生佛,北方的不空成就佛。水晶佛塔四壁的4尊佛像就是按这一记载来布置雕刻的,供奉时则按照4佛的对应方位来置放水晶佛塔。

此水晶佛塔小巧玲珑,文饰清晰,造型逼真,雕刻古朴,宏伟庄重,洋溢着浓郁的佛教艺术特色,看得出是由当时虔诚的供奉人怀着崇敬的心情制作的。

不惜花费重金,使用当时最

塔刹 指佛塔顶部的装饰,是"冠表全塔"和塔上最为显著的标记。"刹"来源于梵文,意思为"土田"和"国",佛教的引申义为"佛国"。各种式样的塔都有塔刹,所谓是"无塔不刹"。

缠枝莲纹 又称为串枝莲,穿枝莲,是一种中国传统文化中的植物纹样。缠枝莲以莲花为主体,以蔓草缠绕成图案。缠枝莲纹广泛应用在建筑,纺织,石雕,木雕,以及青花瓷器上。

■ 水晶透雕木纹扁瓶

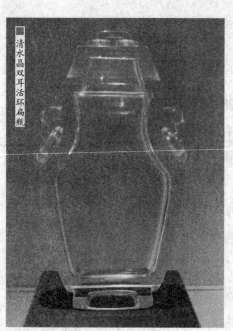

清水晶双耳活环扁瓶

珍贵的材料,通过匠人的精心加工制作而成,然后作为宗教法器使用,或为大型建筑佛塔下面的地宫里供奉所用,再经过千年流传而辗转存世。

此水晶佛塔与陕西省扶风法门寺真身宝塔地宫发现的唐代4门金塔为同一样式,再加上唐以后的佛像造像中出现背光的较少,所以定此塔为唐代的水晶舍利佛塔。

另外,广东南越国宫署遗址也发现有唐代水晶。

宋代人上自皇帝,下至文人墨客,都醉心于"风花雪月"。这个时代特征反映在砚上,就是以蝉形砚为代表的仿生砚的创制,以及仿生砚中植物造型和纹饰的大量使用。通透俊逸的宋代蝉形水晶砚,就是这个时期文人雅士砚的典型代表。

我国的"蝉文化"由来已久。新石器时期已出现丧葬死者含玉习俗。商周以来,此俗传承。商时有含贝者,西周有含蝉形玉者,春秋时有含珠玉者。战国以后,盛行死者含蝉形玉,于汉尤甚。

水晶砚台

此类蝉形有玉制，也有晶莹的水晶制成，乃取其清高，饮露而不食。汉太史司马迁的《史记·屈原传》记载："蝉，蜕于蚀秽，以浮游尘埃之外，不获世之滋垢。"寓借蝉生性而赋予死者再生、复生之含义。也借蝉之饮露，隐喻清洁高雅之意。

■ 元代水晶七梁冠

汉魏以来，许多文人曾称颂蝉的美德。如东汉文学家、我国第一个女历史学家班昭在《蝉赋》，三国时期曹植的《蝉赋》，西晋陆云的《寒蝉赋并序》等都以蝉形貌、习性比喻人的美德。

从此，本属"微陋"之物的蝉在文人心目中便完美起来，成为高洁人格的化身。受到文人美化的蝉，其实正是对象化的文人自身，是文人自身道德人格的美化。而水晶质的蝉更是将这种文化提高到了一个无上的高度。

至宋、元、明三朝，"蝉文化"又深入砚雕领域，蝉形砚盛极一时。借物寓人是我国古代文人墨客抒怀的惯常技法。

古人以为蝉栖于高枝，风餐露宿，不食人间烟火，是高洁的象征，则以其喻之人品高洁。

山东邹县鲁王朱云墓发现多件明代水晶器物。如水晶卧鹿，高6.2厘米，宽4.7厘米，长9.7厘米，水晶卧鹿呈洁白、透光。鹿伏卧，昂首，口微张，直颈，

《史记》 由司马迁撰写的我国第一部纪传体通史，是二十五史的第一部。记载了上自上古传说中的黄帝时代，下至汉武帝太史元年间共3000多年的历史。《史记》与《汉书》《后汉书》《三国志》合称"前四史"。它还与宋代司马光所编撰的《资治通鉴》并称为"史学双璧"。

■ 水晶佛像

弓背，屈肢，平卧于地，臀部肥大，小尾上翘。

水晶卧鹿与水晶独角兽砚壶及其他文具同时被发现。形态生动，刀法简练，琢磨圆滑，是明代初期水晶制品的代表作。

另外还有明代水晶送子观音和水晶罗汉，也都是精美的水晶制品。水晶罗汉头像长4.5厘米，宽3厘米，厚2.5厘米。

布袋似乎不登大雅之堂，但民间却很看重它。历史上是有一个禅宗方僧，常常背着一个大布袋到处化缘，乞求布施，人号布袋和尚。他死后人们又多次看到过他，所以，人们认为他是弥勒佛的化身。

在很多的地方，一般家庭在布袋里常放些大米，不能让他空着，这样就能求得天地赐食，有的地方驱除鬼魅的巫师，常常一手拿竹枝，另一手拿一个布袋，据说他能把鬼魅赶进布袋化为乌有。

如清代白水晶布袋和尚立像，重29.3克，高4.8厘米，宽2.6厘米，最厚1.8厘米。

还有水晶布袋和尚卧像，长9.8厘米，虽然布袋和尚没有其他神仙那么神圣，但是他深入民众，为大家排忧解难，深得广大民众的敬重和喜爱。

不管布袋和尚是否真的存在过，但是他的精神和形象永存在人们的心中。

罗汉 又名"阿罗汉"，即自觉者，在大乘佛教中罗汉低于佛、菩萨，为第三等，而在小乘佛教中罗汉则是修行所能达到的最高果位。佛教认为，获得罗汉这一果位也就是断尽一切烦恼，应受天人的供应，不再生死轮回。在我国寺院中常有十六罗汉、十八罗汉和五百罗汉。

■ 黄水晶布袋和尚像　布袋和尚名契此，唐末至五代时明州奉化僧人，号长汀子，是五代时后梁高僧。据说他身材矮胖、满脸欢喜，平日以杖肩荷布袋云游四方，以禅机点化世人。他乐善好施、身怀绝技、除暴安良、让众生离苦得乐。因他在圆寂前说了"弥勒真弥勒，分身千百亿，时时示时人，时人自不识"。时人认为其为弥勒的化身。相传在我国多数佛教寺院里所供奉的大肚弥勒，即为他的造像。

清乾隆水晶卧佛，长15厘米，高13厘米，造型精美，精品之作。水晶卧佛上还镶有红宝石、蓝宝石、绿松石。

清乾隆时期，采用通体无云雾絮状的优质水晶雕琢而成的椭圆形的水晶香熏炉非常有特色，该香熏炉不仅质地纯净明莹，颜色沉稳，而且制作精良，工艺精湛，香炉高11.7厘米，两耳处长14.7厘米，腹部宽处为5.5厘米。

其两耳处各有一个活动的环，捧的时候幅度稍微大一点会"叮当"作响。该炉制作得非常圆润，仔细观察和抚摸，炉腹及炉盖内打磨得非常光滑和齐整，更让人想象无限的是炉盖上的那只狮子，它在回首环望苍茫大地，一派王者风范，而炉腿上的3只狮首也象征着皇家的威严。

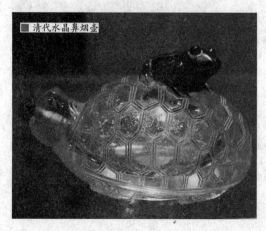

■ 清代水晶鼻烟壶

整个香熏炉之造型在水晶上运用阴、阳、镂雕于一体的综合工艺，不仅其成本高昂，而且技术要求也是非同小可。

再如，水晶浮雕龙纹兽耳活环螭钮盖瓶，高22.2厘米。

水晶材质晶莹剔透，立雕螭龙攀抓灵芝为钮，瓶颈浮雕云蝠纹，两侧饰兽首活环为耳，瓶身双面刻云龙纹饰，两侧浮雕螭龙灵芝纹与盖钮相应，通体纹饰繁复。刻工流畅，打磨光滑，工艺精湛。

清代仿古之风盛行，以各种材质制作的仿商周青铜器器物流行一时，水晶也不例外。

水晶浮雕龙纹兽耳活环螭钮盖瓶

如清水晶凫形水丞，直径8.8厘米，高3厘米，水丞又称水中丞，我们通常多称就是水盂。它是置于书案上的贮水器，用于贮砚水，多属扁圆形，有嘴的叫"水注"，无嘴的叫"水丞"。制作古朴雅致，被称为文房"第五宝"。

水晶龙首觥，高14.4厘米，制作技法高超，精美绝伦，其材质、尺寸、雕刻风格与清水晶凫形水丞相近，或同属清宫造办处制作的文房赏玩之器。

内画鼻烟壶，是我国特有的传统的工艺品种，自清代嘉庆年间内画鼻烟壶制作以来，一跃成为我国艺术殿堂中的一颗璀璨明珠。

清代叶仲山水晶内画婴戏鼻烟壶

内画鼻烟壶，发祥于京城，为当时皇宫贵族、达官贵人所拥有。如叶仲山水晶内画婴戏鼻烟壶，在纯净透明的烟壶内壁描绘青山绿水之旁，几个儿童正手牵手围成圈嬉戏玩耍，生动活泼、栩栩如生、极富童趣。

马少宣水晶内画蝴蝶图鼻烟壶，高7.2厘米。壶身为水晶料，壶盖为玉料。正面内壁绘数只彩蝶，翩翩起舞于花丛之中。壶身上方中间位置有四字题款："探花及第"，旁边钤椭圆形白文"宣"印。

清代马少宣水晶内画蝴蝶图鼻烟壶

壶身的反面有楷书六行竖行款："戊戌冬日。百样精神百样春，小园深处静无尘。笔花妙得天然趣，不是寻常梦里人。于京师作，马少宣。"

阅读链接

对任何宝石来说，颜色都是非常重要的，水晶也不例外。

如果水晶晶体是有颜色的，如粉水晶、黄水晶、紫水晶等，其颜色评价的最高标准则是明艳动人，不带有灰色、黑色、褐色等其他色调。如粉水晶，颜色以粉红为佳；紫水晶，要求颜色为鲜紫，纯净不发黑；黄水晶，要求颜色不含绿色、柠檬色调，以金橘色为佳。

色相如天——青金石

■ 青金石雕和合二仙

青金石，我国古代称为"璆琳""金精""瑾瑜""青黛"等。属于佛教七宝之一，在佛教中称为"吠努离"或"璧琉璃"。

青金石以色泽均匀无裂纹，质地细腻有漂亮的金星为佳，如果黄铁矿含量较低，在表面不出现金星也不影响质量。但是如果金星色泽发黑、发暗，或者方解石含量过多在表面形成大面积的白斑，则价值大大降低。

呈蓝色的青金石古器往

往甚为珍贵。《石雅》记载:"青金石色相如天,或复金屑散乱,光辉灿烂,若众星丽于天也。"

所以我国古代通常用青金石作为上天威严崇高的象征。

《尚书·禹贡》记载了夏代时位于西方的雍州曾向中心王朝纳贡璆琳,而璆琳就是青金石的波斯语音译。

这说明青金石在我国夏代就已经得到了开发利用,并成为王朝礼法划定的神圣贡物。

■ 青金石佛像

最古老的青金石制品是战国时期曾侯乙墓中发现的,同墓还发现了大量青铜器、黄金制品、铅锡制品、丝麻制品、皮革制品和其他玉石制品。

墓中的玉石制品大多为佩饰物或葬玉,数目多达528件,其质地除了青金石,还有玉、宝石、水晶、紫晶、琉璃等,其中不少为稀世精品。

此外,在吴越地区还发现一把战国时期的越王剑,其剑把镶嵌了蓝绿色宝石。后经认定,这把越王剑的剑把所镶玉石一边为青金石,另一边为绿松石。

《吕氏春秋·重己》记载:"人不爱昆山之玉、江汉之珠,而爱己之一苍璧、小玑,有之利故也。"

这里将"苍璧"与"昆山之玉"作为两件对比的事物并列,显见两者虽然不同,但肯定有很多相似的特征,因此苍璧或许是青金石。

曾侯乙 生卒年不详,战国时代曾国一个名叫"乙"的诸侯。他不仅是一位熟谙车战的军事家,也是一位兴趣广泛的艺术家。曾侯乙墓出土的以编钟为代表的万件文物,以在文化艺术和科学技术上的辉煌成就而震惊世界,作为墓主人的曾侯乙也因而备受世人关注。

■ 青金石三角盒

东晋王嘉所著《拾遗记》卷五记载："昔始皇为冢……以琉璃杂宝为龟鱼。"因此有人认为这里所说的秦始皇墓中所谓的"琉璃"就是青金石。

但可以肯定的是，我国在东汉时已正式定名"青金石"，在我国古代，入葬青金石有"以其色青，此以达升天之路故用之"的说法，多被用来制作皇帝的葬器，据说以青金石切割成眼睛的形状，配上黄金的太阳之眼，能够守护死者并给予勇气。

在徐州东汉彭城靖王刘恭墓发现有一件镏金嵌宝兽形砚盒，高10厘米，长25厘米，重3.85千克。砚盒做怪兽伏地状，通体镏金，盒身镶嵌有红珊瑚、绿松石和青金石。

南北朝时期，西域地区的青金石不断传入中原。如河北省赞皇东魏李希宋墓发现了一枚镶青金石的金戒指，重11.75克，所镶的青金石呈蓝灰色，上刻一鹿，周边有连珠纹。

在南朝诗人徐陵的《玉台新咏·序》中有记载："琉璃砚匣，终日随身，翡翠笔床，无时离手。"从翡翠到清代才传入我国与宋代欧阳修类似的记载来看，这里的所谓"翡翠"当然指的是价值昂贵的青金了。

至隋唐时期，我国与中亚地区的交往进一步增

鹿 在古代被视为神物。古人认为，鹿能给人们带来吉祥幸福和长寿。作为美的象征，鹿与艺术有着不解之缘，历代壁画、绘画、雕塑、雕刻中都有鹿。现代的街心广场，庭院小区矗立着群鹿、独鹿、母子鹿、夫妻鹿的雕塑。一些商标、馆驿、店铺匾额也用鹿，是人们向往美好，企盼财运兴旺的心理反映。

加，这在青金石的使用上也有所反映，如陕西省西安市郊区的隋朝李静训墓中发现有一件异常珍贵的金项链，金项链上就镶嵌有青金石。

根据墓志和有关文献得知，李静训家世显赫，他的曾祖父李贤是北周骠骑大将军、河西郡公；祖父李崇，是一代名将，年轻时随周武帝平齐，以后又与隋文帝杨坚一起打天下，官至上柱国。

公元583年，在抗拒突厥侵犯的战争中，以身殉国，终年才48岁，追赠豫、息、申、永、浍、亳六州诸军事、豫州刺史。

李崇之子李敏，就是李静训的父亲。隋文帝杨坚念李崇为国捐躯的赫赫战功，对李敏也倍加恩宠，自幼养于宫中，李敏多才多艺，《隋书》中说他"美姿仪，善骑射，歌舞管弦，无不通解"。

开皇初年，周宣帝宇文赟与隋文帝杨坚的长女皇后杨丽华的独女宇文娥英亲自选婿，数百人中就选中了李敏，并封为上柱国，后官至光禄大夫。

据墓志记载，李静训自幼深受外祖母周皇太后的溺爱，一直在宫中抚养，"训承长乐，独见慈抚之恩，教习深宫，弥遵柔顺之德"。然而"繁霜昼下，英苕春落，未登弄玉之台，便悲泽兰之天"。

始皇（前259—前210），即秦始皇嬴政。历史上著名的政治家，首位完成中国统一的秦朝开国皇帝。秦始皇建立皇帝制度，统一文字和度量衡，北击匈奴，南征百越，修筑万里长城。把我国推向了大一统时代，奠定了我国2000余年的政治制度基本格局。

■ 青金石狮子纹吊坠

■ 青金石项链

公元608年六月一日，李静训殁于宫中，年方9岁。皇太后杨丽华十分悲痛，厚礼葬之。

李静训墓金项链周径43厘米，重91.25克，这条项链是由28个金质球形饰组成，球饰上各嵌有10枚珍珠。金球分左右两组，各球之间系有多股金丝编织的索链连接。链两端用一金钮饰相连，金钮中为一圆形金饰，其上镶嵌一个刻有阴纹驯鹿的深蓝色珠饰。

两组金球的顶端各有一嵌青金石的方形金饰，上附一金环，钮饰两端之钩即纳入环内。项链下端为一垂珠饰，居中者为一嵌鸡血石和24枚珍珠的圆形金饰，两侧各有一四边内曲的方形金饰。最下挂一心形蓝色垂珠，边缘金饰做三角并行线凹入。

北宋大文豪欧阳修在《归田录》中记载：

翡翠屑金，人气粉犀，此二物，则世人未知者。余家有一玉罂，形制甚古而精巧。始得之，梅圣俞以为碧玉。

在颍州时，尝以示僚属，坐有兵马钤辖邓保吉者，真宗朝老内臣也，识之曰："此宝器也，谓之翡翠。"

云："禁中宝物皆藏宜圣库，库中有翡翠盏一只，所以识也。"

> **欧阳修**（1007—1072），北宋儒学家、作家，为唐宋八大家之一。除文学外，经学研究《诗》《易》《春秋》，有独到的见解；金石学为开辟之功，编辑和整理了周代至隋唐的金石器物、铭文碑刻上千，并且还撰写成《集古录跋尾》，是今存最早的一部金石学著作。

其后予偶以金环于罂腹信手磨之，金屑纷纷而落，如砚中磨墨，始知翡翠之能屑金也。

由此可见，"屑金之翡翠"中既有可以被古人误认为是金屑的黄铁矿，更应比较珍贵，被古人认可，而且有着悠久的人类使用历史。那么，其中的"金屑"实际是黄铁矿，"翡翠"实际是青金石。

明代学者姜绍书《韵石斋笔谈》记载的明朝"翡翠砚""磨之以金，霏霏成屑"，与欧阳修记载的对翡翠玉罂进行"如砚中磨墨"的金环实验比，其结果是异曲同工的。

由此证明了翡翠砚是含有所谓金屑的。而翡翠砚与前面所述"翡翠笔床"同为文房用品，以青金为制作材质，并不是说青金有益于提升其文房功能，而是为了突出青金的高贵和价值。

以此类推，唐昭宗赏赐李存勖的"翡翠盘"和"鸂鶒卮"，后唐时期秦王李茂贞贡献给时为后唐庄宗李存勖的"翡翠爵"，后周时期刘重进在永宁宫找到的"翡翠瓶"，南唐时期作为大户人家嫁妆的"翡翠指环"，北宋时期宋真宗的"翡翠盏"、北宋末期宋徽宗的"翡翠鹦鹉杯"，宋代文献记载的"于阗翡翠"等，这些无一例外，都是指的青金石。

特别是鸂鶒卮和鹦鹉杯，实际也是与"翡翠玉

■ 青金石独角兽

翠"一样，都是用碧蓝色鸟类的羽毛，如"鹨鹴""鹦鹉""翡翠"等，来命名同为碧蓝色的玉石的，而这个碧蓝色的玉石，就是青金。

由此也说明，至少在南北朝时期、隋唐时期、五代十国时期、两宋时期和明朝，青金石已经随着丝绸之路大规模地输入中原地区，青金制作的器物已经作为外邦的贡品，成为王朝皇帝的收藏，其地位和价值已经达到了一个相当高的水平。

另外，青金石由于硬度不高，后来人们发现可以用于雕刻一些小型把件、印章等物品。

如宋代青金石大吉大利手把件，长4.8厘米，宽4.7厘米，厚3厘米，重70克，为一完整的鸡的造型，扭颈回头，古朴而厚重，寓意吉祥。

明代青金石雕鼠摆件，长6.8厘米，高3.5厘米，厚2.9厘米，天蓝色玻璃光泽亮丽，石雕表面微见不规则冰裂纹，腹股背有白线，似一丝白云横贯其间。

整件青金石雕鼠之造型做卧式状，只见鼠的头部向左略侧，目光平视。尖嘴略张，长须紧贴其上，小又灵活的双耳似在凝神窃听四周的动静，高高竖起。

■ 青金石和合二仙

短而粗壮的脖子，肥胖的躯体，细长的尾巴弯曲收向腹侧，四爪紧紧贴于红木底座。底座则雕以镂空变体莲叶纹，衬托出该石雕鼠的灵动逼真，犹如一只呼之欲出的大蓝鼠。

还有明代青金石镶银金刚杵，长4厘米，应为贵族所配之物，规格高极为少见，牌子银座为后包。

至清代，青金石除印章，也应用于雕刻摆件、山子、挂坠、如意等更复杂的物件。

如清代青金石瑞兽钮印章，高6.2厘米，印章呈方形，上有兽形钮，以青金石雕琢而成，此印石体深蓝，间有白花星点，表面打磨平整光洁，色泽莹润，兽钮形象古朴，雄浑大气，雕琢精致，形状方正规整，为青金石印章之佳品。

青金石摆件

清青金石如意，长44厘米，宽2.7厘米，做工犀利，线条硬朗。

类似的还有清代青金石如意牌，图案吉祥寓意多子多福如意长寿，高5.2厘米，长4厘米，厚0.6厘米。色彩纯正稳重，面有洒金，为上品青金石。雕刻双石榴、双灵芝、一朵花，寓意子孙繁盛，灵芝如意，确为青金石雕刻中的精品。

在古代，青金石除用作帝王的印章、如意之外，同时也是一种贵重的颜料。如敦煌莫高窟、敦煌西千佛洞自北朝至清代的壁画和彩塑上都使用了青金石作为蓝色颜料。

至清代，皇室延续了使用青金石祭天的传统。据《清会典图考》记载："皇帝朝珠杂饰，唯天坛用青金石，地坛用琥珀，日坛用珊瑚，月坛用绿松石；皇帝朝带，其饰天坛用青金石，地坛用黄玉，日坛用珊瑚，月坛用白玉。"

皆借玉色来象征天、地、日、月，其中以天为上。由于青金石玉石"色相如天"，故不论朝珠或朝带，尤受重用。

■ 清青金石雕山水御题山子

药师佛 为东方净琉璃世界之教主。药师佛面相慈善,仪态庄严,身呈蓝色,乌发肉髻,双耳垂肩,身穿佛衣,袒胸露右臂,右手膝前执尊胜诃子果枝,左手脐前捧佛钵,双足跏趺于莲花宝座中央。

明清代以来,由于青金石"色相如天",天为上,因此明清帝王重青金石。在2万余件清宫藏玉中,青金石雕刻品不及百件。

如清青金石镶百宝人物故事山子,长14厘米,此山子采用深浅浮雕、镂雕等技法施艺,画面描绘的是五学士聚在一起品评诗文的情景。所描绘人物各具情态,传神生动。山子上人物采以圆雕技法用孔雀石、白玉、绿松石、寿山石等雕琢而成,再配以原木底座,座上有"乾隆年制"款。

整件山子,布局合理,刀锋锐利,层次繁密,场景布局合理,展现了一派世外桃源之景,充分体现了工匠的高超技法。

青金石不仅以其鲜艳的青色赢得了各国人民的喜爱,而且也是藏传佛教中药师佛的身色,所以清代也将其用于佛教体裁的器物中。

如乾隆年间的足金嵌宝四面佛长寿罐,此件为密宗修长寿之法时用的法器。工艺精细，通体足金嵌各色宝石，切割工整细密，底部雕仰覆莲瓣。

藏传佛教常以绿松石、青金石、砗磲、红珊瑚、黄金等矿物代表五佛白、绿、青、红、黄的五方五色。红珊瑚长寿佛，绿松石绿度母，青金石文殊，砗磲四臂观音，无一不精，是乾隆年间御赐之物。

清代御制铜鎏金嵌宝石文殊菩萨宝盒，高10.5厘米，宽14.3厘米，宝盒为祭祀用的法器。盒内盛米，每当活佛主持重要法事时，便从此盒中将米撒向众生。寓意赐福众生。能得到这样的米，是一个人毕生的欢欣。

本宝盒上盖镶有降魔杵，下盖以松石、红珊瑚、孔雀石、青金石、珍珠和金银线累金镶嵌文殊菩萨造像，本尊饰以纯金嵌宝石。人物栩栩如生，神态庄严安详。

宝盒外部以青金石、红珊瑚和松石堆砌而成双龙戏珠纹。做工精美细腻用料考究。是十分罕见的宫廷艺术珍品。

清代御制金包右旋法螺5件，高12.5厘米，大小相同，无翅金包右旋白法螺，工艺精湛，纹饰精美、通体镶有红绿宝石。螺体嵌刻五方佛，代表五智，广受尊崇。

清代御制铜鎏金水晶顶嵌宝石舍利塔，高23.5厘米，宽16.2厘米。

清代御制镂金嵌宝石莲花生大士金螺，高36.5厘米，宽25厘米，此法螺以白螺为胎，通体包金嵌

■ 青金石雕

青金石

刻纹饰，间饰红绿宝石，边镶金翅，其上嵌刻有莲花生大师咒。

莲花生大师是印度高僧，藏传佛教的创始人。吐蕃王赤松德赞创建一座佛教寺院桑耶寺，遇到了极大的阻力，于是便派遣使者从尼泊尔迎请莲花生大师前来扶正压邪，降妖除怪，创建佛寺，弘扬佛教。当人们吹响法螺，就喻意念动莲花生大师咒，便可得其护佑。

至于清代帝后们使用的各色首饰和仪礼用品，青金石的使用也很普遍，如清宫遗存中价值最高和最珍贵的文物乾隆生母金发塔，其塔座和龛边就镶嵌了很多青金石。

阅读链接

优质青金石的蔚蓝色调使得青金的质地宛如秋夜的天幕，深旷而明净；在蔚蓝色色调上还交响着灿灿金光，宛如蓝色天幕上闪烁着辉煌的繁星。

天幕与繁星水乳交融，让人心旷神怡。在青金的蔚蓝的色调和灿灿的金光的陶冶下，作为凡夫俗子的我们能不心神沉醉、自由遥想吗？

的确，青金石就是这样一种石头，可以助人催眠，或者展开冥想；可以匡助不乱心情，消除烦躁和不安。

青金石还可以保佑佩戴者的平安和健康，增强人的观察力和灵性，彰显佩戴者高贵清新、温文儒雅的气质。

天然结晶 有机宝石

　　我国的珍珠、珊瑚、琥珀文化源远流长。珍珠一直象征着富有、美满、幸福和高贵。在古代，珍珠代表地位、权力、金钱和尊贵的身份，平民以珍珠象征幸福、平安和吉祥。

　　珊瑚是佛教七宝之一，人们相信红珊瑚是如来佛的象征。我国在公元初就有红珊瑚的记载，古代的王公大臣上朝穿戴的帽顶和朝珠也用珊瑚做成。

　　琥珀是我国人民喜爱的宝石之一，古代将其作为珍贵的珠宝装饰品，在战国墓葬中就出土有琥珀珠，以后各朝各代琥珀制品又不断增多。

西施化身——珍珠

早在远古时期,原始人类在海边觅食时,就发现了具有彩色晕光的洁白珍珠,并被它的晶莹瑰丽所吸引,从那时起珍珠就成了人们喜爱的饰物。珍珠被人类利用已有数千年的历史,传说中,珍珠是由鱼公主泪水化成的。

传说白龙村有个青年叫四海,英武神勇。一天,四海下海采珠,忽然狂风大作,他只得弃船跳海,在冰冷的深海里,四海遇到了海怪的侵袭,靠着过人的胆量和不凡的身手,四海打跑了海怪,但因用力过度,四海也疲劳地昏迷在汹涌的海水中。

等到四海醒来时,他发现,自己竟躺在龙王宫的一

■西藏珍珠冠

张水晶床上,美丽的人鱼公主正在温柔地替他疗伤。鱼公主敬佩他的勇毅,故此拯救。

四海在公主无微不至的照料下,伤势很快痊愈了。公主天天伴着四海,寸步不离,食必珍馐,衣必鲜洁。公主不说何时送客,四海也不提何时离去。

相处既久,爱意渐浓。公主

镏金珠串首饰

愿随四海降落凡间,于是一对恋人,同回白龙村。乡亲们既庆幸四海大难不死,更艳羡他娶到美丽的妻子,热烈地庆贺了一番。

鱼公主也是入乡随俗,尽弃奢华,素衣粗食,操持家务井然有序,手织绡帛质柔色艳,远近闻名。

白龙村有一恶霸,对鱼公主的美艳早已是垂涎三尺,他想方设法勾结官府,以莫须有的罪名,加害四海,强夺公主以抵罪。

四海奋力夺妻,力竭被缚,铁骨铮铮的男儿,就这样惨死在恶霸的杖棒之下。

眼睁睁看着夫君死去,公主失望于人间黑暗,施法逃回水府。为悼念丈夫,公主每年在明月波平之夜,在岛礁上面向白龙村痛哭,眼泪串串掉入海中,被珠贝们接住,孕胎成晶亮的珍珠。

不仅如此,传说中,更把珍珠与西施联系起来。传说珍珠是西施的化身:嫦娥仙子曾有一颗闪闪发光的大明珠,十分逗人喜爱,常常捧在掌中把玩,平时则命五彩金鸡日夜守护,唯恐丢失。

而金鸡也久有把玩明珠的欲望,趁嫦娥不备,偷偷玩赏,将明珠抛上抛下,煞是好玩。一不小心,明珠滚落,直坠人间。金鸡大惊失色,随之向人间追去。

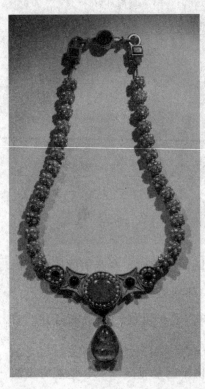

■ 嵌珍珠宝石金项链

嫦娥得知此事后,急命玉兔追赶金鸡。玉兔穿过九天云彩,直追至浙江诸暨浦阳江上空。

这一天,浦阳江边一农家妇女正在浣纱,忽见水中有颗光彩耀眼的明珠,忙伸手去捞,明珠却径直飞入她的口中,钻进腹内。这女子从此有了身孕。

一晃16个月过去了,女子只觉得腹痛难忍,但就是不能分娩,急得她的丈夫跪地祷告上苍。

忽然一天只见五彩金鸡从天而降,停在屋顶,顿时屋内珠光万道。这时,只听"哇"的一声,女子生下一个光华美丽的女孩,取名为"西施"。故有"尝母浴帛于溪,明珠射体而孕"之说。

美丽的西施曾经住在山下湖的白塔湖畔。

一天一位衣衫褴褛的白胡子老爷爷路过西施的家门口,西施看着老爷爷饥寒交迫的样子,连忙把他请进屋里,给他端茶上饭,并帮他把全身上下洗了个干净。

白胡子老爷爷看着西施这么热情地招待他,激动地说:"姑娘,你可真是个大好人,我一定会好好报答你的。"

日子过得很快,转眼过了两个月。

有一天夜里,西施刚睡下不久,忽然一道金光闪

西施 本名施夷光,春秋末期出生于浙江诸暨苎萝村。天生丽质。西施与王昭君、貂蝉、杨玉环并称为中国古代四大美女,其中西施居首。西施也与南威并称"威施",均是美女的代称。

来，一个白胡子老爷爷出现在西施的面前，西施看得出了神。

白胡子老爷爷说："我的好孩子，不用怕，我就是被你相救的老爷爷，为了报答你的恩情，今天我特意带上了一些珠宝，请你收下吧！"

西施看着这些美丽的珍珠，颗颗都闪着璀璨的光芒。可她想：救人做好事是应该的，怎么能收下这些这么贵重的东西呢？要是能从老爷爷那里得到养蚌育珠的技术，那该多好啊！我们的百姓将会过上富裕的生活。

于是她对老爷爷说："爷爷，我不能收下你这么贵重的礼物，如果你真想表示谢意的话，那么请你把养蚌育珠的技术传授给我吧。"

老爷爷听了犹豫了一下说："那好吧，如果你能回答出这个问题，我就把养蚌技术传授给你，你听着：我有3只金碗。我把第一只金碗里的一半珍珠给我的大儿子；第二只金碗里三分之一的珍珠给我的二儿子；第三只金碗里的四分之一给我的小儿子。"

"然后，我又把第一只碗里剩下的珍珠给大女儿4颗；第二只碗里挑6颗给二女儿；从第三只碗里拿两颗给小女儿。这样一来，我的第一

镶珍珠金杯

庄子（前369年—前286年），姓庄名周，字子休。他是战国时期思想家、哲学家和散文家，道家学说的主要创始人之一。其代表作品为《庄子》，集中阐释了"天人合一"和"清静无为"的思想，对后世影响深远。庄子与道家始祖老子并称为"老庄"，他们的哲学思想体系，被思想学术界尊为"老庄哲学"。

只碗里就剩下38颗珍珠，第二只碗里就只剩下12颗珍珠，第三只碗里还剩下19颗。你来告诉我，这3只金碗里各有多少颗珍珠？"

听了老爷爷的难题，西施想了想，然后拿着树枝在地上算了起来。一会儿工夫，她站起来说："爷爷你听着，第三只碗里原来有珍珠28颗。

白胡子老爷爷听了西施的解答，惊愕而又钦佩地说："美丽的西施姑娘，你果真是名不虚传，不但心地善良，而且天资聪颖，我一定会实现我的诺言。"

于是老爷爷就把养蚌育珠的本领传授给了西施。

西施凭着自己的勤劳和智慧，很快就学会了本领。她还把这个育珠本领传授给当地的老百姓，让老百姓们养蚌育珠，致富发家。

传说里，珍珠始终与美是联系在一起的。

历代帝王都崇尚珍珠，早在4000多年前，珍珠就被列为贡品。相传黄帝时已发现产珍珠的黑蚌。《海史·后记》记载，夏禹定各地的贡品："东海鱼须鱼目，南海鱼革现珠大贝。"商朝也有类似的文字记载。

■ 镶珍珠金首饰

在西周时期，周文王就用珍珠装饰发髻，应该是已知有文字记载的最早头饰。

彩色珍珠项链

春秋战国时期，我们的祖先便用珍珠作为饰品，同时还出现了以贩卖珍珠为业的商人。据考证汉代的海南已盛产珍珠，有"珍珠崖郡"之说，并开始了开发利用广西合浦的珍珠。并有珍珠、蚌珠、珠子、濂珠等称呼。

从此，我国的天然淡水珍珠主要产于海南诸岛。珍珠有白色系、红色系、黄色系、深色系和杂色系5种，多数不透明。珍珠的形态以正圆形为最好，古时候，人们把天然正圆形的珍珠称为"走盘珠"。

珍珠的形状多种多样，有圆形、梨形、蛋形、泪滴形、纽扣形和任意形，其中以圆形为佳。非均质体。颜色有白色、粉红色、淡黄色、淡绿色、淡蓝色、褐色、淡紫色、黑色等，以白色为主。白色条痕。

具典型的珍珠光泽，光泽柔和且带有虹晕色彩。

《海药本草》称珍珠为"真珠"，意指珠质至纯至真的药效功用。《尔雅》把珠与玉并誉为"西方之美者"。《庄子》有"千金之珠"的说法。

在我国灿烂辉煌的古代历史上，有两件齐名天下、为历代帝王所必争的宝物，那就是和氏之璧与隋侯之珠。

《韩非子》中关于这两件宝物有详尽的记载："和氏之璧，不饰以五彩；隋侯之珠，不饰以银黄，其质其美，物不足以饰。"

《韩非子·外储说左上》中还记载了一个"买椟还珠"的故事：

■ 粉色珍珠花朵胸针

《吕氏春秋》
战国末年秦国丞相吕不韦主编，组织属下门客们集体编撰的一部古代类百科全书似的传世巨著，有八览、六论、十二纪，共20多万言，又名《吕览》。吕不韦自己认为其中包括了天地万物古往今来的事理，所以又称为《吕氏春秋》。

楚国有个珠宝商人，到郑国去卖珍珠。他用木兰香木为珠宝制作了一只盒子，用桂和椒所调制的香料来熏盒子，用珠玉来点缀它，用玫瑰宝石来装饰，用翡翠来装饰边沿。

有个郑国人买了盒子，却把盒里的珍珠还给了楚国人。后以"买椟还珠"喻舍本逐末，取舍不当。

《吕氏春秋·贵生篇》则用"隋珠弹雀"来比喻大材小用的道理："今有人以隋侯之珠弹千仞之雀，是何也？"

每一种美好的事物，都伴随着一个动人的故事，和氏之璧与隋侯之珠也不例外。关于和氏之璧的典故，人们或许已耳熟能详，而有关隋侯之珠的美丽传说，则知之甚少。

那是战国时候的一个秋天，西周的隋侯例行出巡封地。一路游山玩水，这天行至渣水地方，隋侯突然发现山坡上有一条巨蛇，被人拦腰斩了一刀。由于伤势严重，巨蛇已经奄奄一息了，但它两只明亮的眼睛依然神采奕奕。

隋侯见此蛇巨大非凡而且充满灵性，遂动了恻隐之心，立即命令随从为其敷药治伤。不一会儿，巨蛇恢复了体力，它晃动着巨大而灵活的身体，绕隋侯的马车转了3圈,径直向苍茫的山林逶迤游去。

一晃几个月过去了,隋侯出巡归来,路遇一黄毛少儿。他拦住隋侯的马车,从囊中取出一颗硕大晶亮的珍珠,要敬献给隋侯。隋侯探问缘由,少儿却不肯说。隋侯以为无功不可受禄,坚持不肯收下这份厚礼。

第二年秋天,隋侯再次巡行至渣水地界,中午在一山间驿站小憩。睡梦中,隐约走来一个黄毛少儿,跪倒在他面前,称自己便是去年获救的那条巨蛇的化身,为感谢隋侯的救命之恩,特意前来献珠。

隋侯猛然惊醒,果然发现床头多了一枚珍珠,这枚硕大的珍珠似乎刚刚出水,显得特别洁白圆润,光彩夺目,近观如晶莹之烛,远望如海上明月,一看便知是枚宝珠。隋侯感叹说:一条蛇尚且知道遇恩图报,有些人受惠却不懂报答的道理。

据说隋侯得到宝珠的消息传出后,立即引起了各国诸侯的垂涎,经过一番不为人知的较量,隋珠不久落入楚武王之手。

后来,秦国灭掉楚国,隋珠又被秦始皇占有,并被视为秦国的国宝。秦灭亡后,隋珠从此不知所终。日升月落,大江东去。一度光彩照人的隋侯之珠已湮没在滚滚的历史烟尘中,不可复寻。只有这个充满人文关怀的美丽传说,依然隐约闪现在茫茫史河中,带给后人温暖与警示。

秦昭王时把珠与玉并列为"器饰宝藏"之首。可见珍珠在古代便有了连城之价。

从秦朝起,珍珠已

■唐嵌珠酒器

■ 珍珠石宝函

成为朝廷达官贵人的奢侈品，皇帝已开始接受献珠，帝皇冠冕衮服上的宝珠，后妃簪珥的垂珰，都是权威至上，尊贵无比的象征。

秦始皇自从统一天下开始，就在骊山为自己营造陵墓，他在墓中用珍珠嵌成日月星辰，用水银造成江河湖海。

汉武帝建光明殿时，"皆金玉珠玑为帘箔，处处明月珠，金陛玉阶，昼夜光明"。

用珍珠饰鞋，可见于西汉司马迁的《史记》。《史记》记载，"春申君客三千人，其上客皆蹑珠履"；《战国策》也记载："春申君上客三千，皆蹑珠履。"另外，《晏子春秋》记载："景公为履，黄金之綦，饰以银，连以珠。"

东汉桂阳太守文砻向汉顺帝"献珠求媚"，西汉的皇族诸侯也广泛使用珍珠，珍珠成为尊贵的象征。

汉武帝的臣子董偃在幼年时即与其母以贩卖珍珠为业，13岁时入汉武帝姑姑陶公主之家，后因能掌识珍珠而被汉武帝重用。

佛教传入我国之后，据《法华经》《阿弥陀经》等记载，珍珠更成为了"佛家七宝"之一。

在南北朝时期，我国就已经成功地培育出了蚌佛，即将小菩萨、寿星等佛像置于贝的壳与外套膜之

> **春申君**（前314—前238），本名黄歇，战国时期楚国公室大臣，是著名的政治家。他与魏国的信陵君魏无忌、赵国的平原君赵胜、齐国的孟尝君田文并称为"战国四公子"，曾任楚相。黄歇学问渊博，能言善辩。楚考烈王以黄歇为相，封为春申君，赐淮北地12县。

间，经过一段时间，佛像的表面便覆盖了珍珠层，这是最早的养珠技术。

发生在1800多年前南海之滨的"合浦珠还"的故事，便是其中最精彩的一幕：

据说古代合浦地区"海出珠宝"而地"不产谷实"，居民们不懂得耕作技术，全依靠入海采珠易米以充饥。后因地

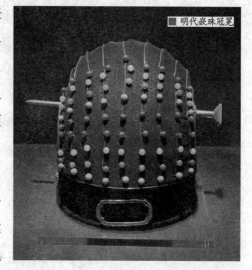
明代嵌珠冠冕

方官贪污盘剥，人民生活来源断绝，出现饿殍遍野，海里有灵性的珠蚌也"愤"而"跑"到交趾去了。

东汉顺帝及时派孟尝任合浦郡太守，他针对前任弊政进行全面改革，使地方社会经济生活恢复正常，珠蚌又从交趾返"还"原籍合浦。这就是脍炙人口的"合浦珠还"的故事。

《汉书·霍光传》记载："太后被珠襦盛服，坐武帐中。"珠襦

珍珠戒指

> **霍光**（？—前68年），字子孟。生于西汉河东平阳，即今山西省临汾市。霍光跟随汉武帝刘彻近30年，是武帝时期的重要谋臣。汉武帝死后，他受命为汉昭帝的辅政大臣，执掌汉室最高权力近20年，为汉室的安定和中兴建立了功勋，成为西汉历史发展中的重要政治人物。

就是用珍珠缀成的短袄，是当时贵人们的穿着。皇帝的朝服，更是镶满珍珠。

三国之初，曹操占据江北，刘备称帝于蜀，孙权稳坐江东，三足成鼎立之势。当时生产淡水珍珠的吴越一带和采捕海水珍珠的南海等地，均为东吴属地。

孙权深知魏蜀都垂涎东吴的珍珠，即位之初，便下令严加保护："今天下未定，民物劳瘁，而且有功者未录，饥寒者未恤……禁进献御，诚宜膳……虑百姓私散好珠。"

孙权不但要求王室禁用珍珠，还封存了民间的珍珠采捕和交易，这为孙权的珍珠外交提供了物质可能。

■ 清代金嵌珍珠天球仪

权衡天下形势，孙权很快确立了"深绝蜀而专事魏"的权宜之计，远交近攻，讨好曹魏，对付蜀汉。于是，当曹丕使臣前来索取霍头香、大具、珍珠等东吴特产时，孙权一概力排众议："方有事西北，彼所要求者，于我瓦石耳，孤何惜焉！"通通满足对方要求。

其后，曹魏又遣使南下，与东吴洽谈以北方战马换取南方珍珠事宜，孙权更是求之不得："皆孤所不用，何苦不听其交易。"从此，魏吴贸易日盛。珍珠外交，为东吴赢得了难得的和平发展机遇。

《晋书》中记载："苻坚自平定诸

国之后，国内殷实，遂示人以侈，悬珠帘于正殿，以朝群臣。"以珍珠帘还显示皇家气派。

隋朝时，宫人戴一种名叫"通天叫"的帽子，上面插着琵琶钿，垂着珍珠。古诗里"昨日官家清宴里，御罗清帽插珠花"，指的就是这样的帽子。

唐代白居易也在《长恨歌》里写道："花钿委地无人收，翠翅金雀玉搔头。"

公元640年，藏族祖先吐蕃人的杰出首领松赞干布，令大相禄东赞带着5000两黄金，数百珍宝前往长安求婚。唐太宗答应将皇室女儿文成公主许配给松赞干布。

■ 清代珍珠碧玉盆景

不过，传说李世民许嫁之前曾五难婚使，其中一难便是要禄东赞将丝线穿过九曲珍珠。结果，这一难也未难倒聪明的禄东赞，他把蜂蜜涂在引线上，用蚂蚁牵引丝线穿过珍珠，便顺利过了这一关。

《古今图书集成》所收东坡集注中曾有记载："有人得九曲宝珠，穿之不得，孔子教以涂脂于线，使蚁返之。"两事相隔千年，只能说博古通今的禄东赞乃饱学之士，松赞干布遣使禄东赞，可谓慧眼识珠。

唐代诗人李商隐的《锦瑟》中说道："沧海月明

松赞干布 按照藏族的传统他是吐蕃王朝第三十三任赞普，实际上是吐蕃王朝立国之君。他的父亲是一位很有作为的赞普。父亲被仇人毒害而死后，13岁的他即赞普位。即位后，他很快平息了各地的叛乱，统一各部，定都拉萨，建立了吐蕃奴隶制政权。

珠有泪,蓝田日暖玉生烟",更成为吟咏珍珠的名句。而白居易更用"大珠小珠落玉盘"来形容琵琶女演奏技艺之高超。

李白在《寄韦南陵冰》一诗中也写道:"堂上三千珠履客,瓮中百斛金陵春",用来描述当时用珍珠来装饰鞋子。

珍珠是佛门的法器之一,它同金、银、珊瑚、玛瑙、琥珀、琉璃被称为"佛之七宝"。七宝阿育王塔大体上是以七宝做成的"微型宝塔",以放置供奉的舍利。

镏金银阿育王塔

而七宝更被用来供奉菩萨,每当有重大的水陆法会时,寺庙要建起七宝池、八功德水来表示虔诚。

金嵌珠石发塔

如南京大报恩寺七宝镏金阿育王塔,体形硕大的宝塔金光闪闪,周身镶嵌着珍珠宝石,塔上遍布佛教故事浮雕,宝塔内瘗藏的就是佛教界的最高圣物"佛顶真骨"。

七宝阿育王塔塔身图案塔座、塔身和山花蕉叶上,每隔几厘米就镶嵌着珍珠等各种珠宝,晶莹剔透,其中仅珍珠就有上百颗。

宋代已开始人工养殖珍珠,并将其养珠法传到了日本;宋代对珍珠的利用也史无前例，如在江苏省苏州发现的北宋珍珠舍利宝幢高达1.22米，其中的珍珠多达3.2万颗。

珍珠舍利宝幢是用珍珠等七宝连缀起来的一个存放舍利的容器。宝幢发现之初被放置于两层木函之中。主体部分由楠木制成，自下而上共分为三个部分：须弥座、佛宫以及塔刹。

波涛汹涌的海浪中托起一根海涌柱，上面即为须弥山。一条银丝镏金串珠九头龙盘绕于海涌柱，传说是龙王的象征，掌管人间的旱和涝。

护法天神中间所护卫的，即为宝幢的主体部分佛宫。佛宫中心为碧地金书八角形经幢，经幢中空，内置两张雕版印大随求陀罗尼经咒，以及一只浅青色葫芦形小瓶，瓶内供奉有9颗舍利子。

华盖上方即为塔刹部分，以银丝编织而成的八条空心小龙为脊，做昂首俯冲状，代表着八大龙王。

塔刹顶部有一颗大水晶球，四周饰有银丝火焰光环，寓意为"佛光普照"。至此整座宝幢被装扮得璀璨夺目，令人流连忘返。

珍珠舍利宝幢造型之优美、选材之名贵、工艺之精巧都是举世罕见的。制作者根据佛教中所说的世间"七宝"，选取名贵的水晶、玛瑙、琥珀、珍珠、檀香木、金、银等材料，运用了玉石雕刻、金银丝编制、

阿育王 是印度孔雀王朝的第三代君主，也是印度历史上最伟大的一位君王。阿育王还是一位虔诚佛教徒，后来还成为了佛教的护法。阿育王的知名度在印度帝王中是无与伦比的，他对历史的影响同样也可居印度帝王之首。阿育王寺是我国现存唯一的以阿育王命名的千年古刹。

■ 北宋珍珠舍利宝幢

■ 明代镶珠龙冠

金银皮雕刻、檀香木雕、水晶雕、漆雕、描金、穿珠、古彩绘等10多种特种工艺技法精心制作。可谓巧夺天工，精美绝世。

整个珍珠舍利宝幢用于装饰的珍珠差不多有4万颗；塔上17尊檀香木雕的神像更见功力，每尊佛像高不足10厘米，雕刻难度极大；然而，天王的威严神态，天女的婀娜多姿，力士的嗔怒神情，佛祖的静穆庄严，均被雕刻得出神入化。

从珍珠舍利宝幢身上，人们可见五代、北宋时期苏州工艺美术的繁荣和精美，同时也可见五代、北宋时期吴人高度的审美水准和丰富的文化内涵。

至明弘治年间，我国珍珠最高年产量约2.8万两，除供皇室及达官、富豪享用外，也曾进入国际市场。珍珠主要是官采官用，对老百姓中采珠用珠者限制甚严。

明代十三陵是明代13个帝后的坟墓，其中定陵是明神宗的陵墓，定陵中还发现了4顶皇后戴的龙凤冠，用黄金、翡翠、珍珠和宝石编织而成，其中一顶镶嵌着3500颗珍珠和各色宝石195枚。

那凤冠，正面缀有4朵牡丹花，是以珍珠宝石配成的，左、右各有一凤凰，凤羽是用翠鸟羽毛制成的。

龙凤 一种典型的古代吉祥搭配，描绘龙与凤相对飞舞的画面，龙为鳞虫之长，凤为百鸟之王，都是祥瑞之物。龙凤相配便呈吉祥，习称"龙凤呈祥"。龙凤吉祥图案画面上，龙、凤各居一半。龙是升龙，张口旋身，回首望凤；凤是翔凤，展翅翘尾，举目眺龙。周围瑞云朵朵，一派祥和之气。

冠顶，用翠羽做成一片片云彩，云上饰3条金龙，是用金丝掐成的。中间的金龙口衔一珠，硕大晶莹，世间少见。左、右两龙口衔珠串，状若滴涎，名称"珠滴"。

珠滴长可垂肩，间饰六角珠花，名称"华胜"。冠口饰有珍珠宝钿花一圈，名称"翠口圈"。口沿又饰有托里的金口圈。冠后，附有翅状饰，名称"博鬓"。

明代孝靖凤冠

每侧3条，又称"三博鬓"。

清承明制，官府继续控制珍珠的开发和使用，并以高价收购。清代皇后的夏朝冠、后妃头上的钿口、面簪、帽罩、头簪等首饰，上面都有珍珠。

刘銮在《五石瓠》中说道："明朝皇后一珠冠，费资60万金，珠之大者每枚金8分。"

珍珠头饰一直是后宫佳丽、公子王孙们的最爱。清代《大清会

明代镏金嵌珠宝带扣

■ 清代东珠朝珠　东珠满语为"塔娜"。清朝将产自东北地区的珍珠称为东珠，用于区别产自南方的南珠。它产于黑龙江、乌苏里江、鸭绿江及其流域。清朝皇家把东珠看作珍宝，用以镶嵌在表示权力和尊荣的冠服饰物上。

典》记载：皇帝的朝冠上有22颗大东珠，皇帝、皇后、皇太后、皇贵妃及妃嫔及至文官五品、武官四品以上官员皆可穿朝服、戴朝珠，只有皇帝、皇后、皇太后才能佩戴东珠朝珠。

五品　指我国古代官位的一个级别，属于中级官员，一般是州级官员，如清朝的直隶州知州就属于正五品。正五品其上是从四品，其下是从五品，但唐朝、高丽王朝及朝鲜王朝的正五品分为上下，朝鲜王朝的正五品属参上官。

东珠朝珠由108颗东珠串成，体现封建社会最高统治者的尊贵形象。皇帝的礼服，上面挂着数串垂在胸前的装饰朝珠，每挂用珠108颗。按照当时的规制，皇子和其他贵族官员在穿着朝服和吉服时，也挂珍珠，但不能用东珠。

用珍珠装饰服装的典型则是乾隆的龙袍。龙袍在石青色的缎面上有着五彩刺绣，而后用米珠、珊瑚串成龙、蝠、鹤等花纹，极其华贵。

如清代掐丝银镏金珍珠蜜蜡簪，此簪包括米珠在内的都是纯天然野生的南海珍珠，呈现着靓丽青春的

■ 珍珠簪子

藕粉色。在一颗直径不足1毫米，比小米还小的珠子上要打眼穿线组合，在当时也确是鬼斧神工了！

1628年，有一颗采于波斯湾海域的特大珍珠，长10厘米，宽6—7厘米，重121克。在其发现的一个世纪后，被送给了乾隆皇帝。1799年乾隆皇帝驾崩后，此珍珠作为陪葬品被埋入地下。1900年乾隆皇帝墓被盗，此珍珠即下落不明。

■ 清代貂皮嵌珠皇后朝冠

我国历代皇室使用珍珠最多者还是要推清朝末年的慈禧太后，据说，在她的一件寿袍上，共绣有数十个寿字，每个寿字中缀着一颗巨型珍珠，远近观之，真正是璀璨夺目，巧夺天工。

慈禧太后的凤鞋上，虽然到处都是珍宝，但慈禧太后最爱的，仍然是珍珠。据记载，慈禧太后认为，珍珠是最适于凤鞋的饰物。因而，不管哪一双凤鞋，她都要让人镶上珍珠，最多的鞋面上据说镶有珍珠近400颗，绣成各种纹案，庸荣华贵。

而且，在慈禧太后的殉葬物中有大小珍珠约3.3064万颗，其中的金丝珠被上镶有8分的大珠100颗、3分的珠304颗、6厘的珠1200颗、米粒珠1.05万颗等。

据《爱月轩笔记》记载，慈禧太后死后棺里铺垫

蝠 由于蝙蝠的"蝠"字与福气的"福"字谐音，因此在中华文化中，蝙蝠是幸福、福气的象征，蝙蝠的造型也经常出现在很多中华传统图案中，如"五福捧寿"就是五个艺术化的蝙蝠造型围绕着一个寿字图案。

清代皇后凤冠

的金丝锦褥上镶嵌的珍珠就有1.2604万颗，其上盖的丝褥上铺有一钱重的珍珠2400颗；遗体头戴的珍珠凤冠顶上镶嵌的一颗珍珠重达4两，大如鸡卵，而棺中铺垫的珍珠尚有几千颗，仅遗体上的一张珍珠网被就有珍珠6000颗。

古人把珍珠的品级，定得十分苛细烦琐，以致在清初已"莫能尽辨"了。《南越志》说珠有九品，直径0.5寸至1寸上下的为"大品"。一边扁平，一边像倒置铁锅即覆釜形的为"珰殊"，也属珍品。把走珠、滑珠算是等外品。

阅读链接

珍珠作为古人眼中的珍宝，被写入历代文学作品中。如《战国策·秦策五》："君之府藏珍珠宝石"；唐代李咸用《富贵曲》诗："珍珠索得龙宫贫，膏腴刮下苍生背"；明代宋应星《天工开物·珠玉》："凡珍珠必产蚌腹……经年最久，乃为至宝"；元代马致远《小桃红·四公子宅赋·夏》曲："映帘十二挂珍珠，燕子时来去。"

清代陈维崧《醉花阴·重阳和漱玉韵》词："今夜是重阳，不卷珍珠，阵阵西风透。"

海洋珍奇——珊瑚

珊瑚是海洋中的珊瑚虫群体或骨骼化石。珊瑚虫是一种海生动物，食物从口进入，食物残渣从口排出，它以捕食海洋里细小的浮游生物为食，在生长过程中分泌出石灰石，变为自己生存的外壳。

珊瑚既是来自海洋的宝石，也是佛教七宝之一，与宗教、权势有着密不可分的联系。

在古代神话里，有一位大英雄和蛇发女妖战斗，大英雄最终战胜了女妖，女妖的鲜血染红了大英雄身上的花饰，掉落的花饰

珊瑚戒指

■ 珊瑚石项链

就变成了红色的宝石"珊瑚"。因此,古代有些将士用红珊瑚装饰自己的盔甲、战袍和武器,以祈求好运相随,战神庇护。

古人常给自家小孩子脖子上挂些珊瑚枝,他们深信珊瑚有驱逐魔的能力,能保佑孩子的健康安全。这种观念在后世依然很流行。

生活在海洋附近的人笃信珊瑚是山湖之父,而且崇拜一切与山水相关之物,珊瑚的精神地位当然非比寻常。

珊瑚有魔力的说法自古就有,一位著名的医生曾经证实,红珊瑚能预测其主人的健康状况。他的一位病人喜戴红珊瑚项链,后来他竟然发现,病情加深珊瑚颜色也变深,当黑斑布满珊瑚表面时,病人就撒手人寰了。

并且,据说珊瑚的魔力储存在天然体表,一旦经人工雕琢,这种魔力便会消失,因此天然珊瑚更受世人关注。

有些民族地区珊瑚是献给酋长的尊贵礼物,有专人看管,并制定诸多苛刻的规定:若有遗失现象发生,相关人员及家属一律杀无赦。

红珊瑚是全世界的珍奇,但只有我国古代人民,才把红珊瑚文化推向了极致。古代的皇家贵族将珊瑚

步摇 我国古代妇女的一种首饰。取其行步则动摇,故名。为我国传统汉民族首饰。其制作多以黄金屈曲成龙凤等形,其上缀以珠玉。六朝而下,花式愈繁,或伏成鸟兽花枝等,晶莹辉耀,与钗细相混杂,簪于发上。

配饰于官服之上，使其更显富贵权重。

除制度以外的饰物，珊瑚也被用于如簪、钮子、手镯、挑牌、步摇、戒指、耳饰、如意以及数珠手串等，或直接以珊瑚制成或以珊瑚镶嵌其中。

我国疆域广大，物产丰饶，但以往珊瑚多来自遥远的异邦，十分罕见，尤显珍贵。

《汉武故事》中曾记载：

> 前庭植玉树。植玉村法，茸珊瑚为枝，以碧玉为叶，花子或青或赤，悉以珠玉为之。

说明当时汉武帝以珊瑚玉树盆景供奉在神堂之中。

汉武帝时还用珊瑚制作成珊瑚弓，钱木内胎、外红珊瑚珠，常加箭3支，弓长1.4米。

公元前1世纪，广南王赵佗向汉武帝进贡了两棵珊瑚树，4.3米高，各有3杈460枝条，植于皇宫御花的积翠池。通体鲜红灿烂，而且"夜有光景"，如火如荼，因此赵佗称之"火树"，一时间成为镇宫之宝。此后历代皇宫乃至达官贵人均以拥有红珊瑚为自豪。

珊瑚雕刻人物像

《汉武帝内传》中记载：武帝将五真图灵光经等"奉以黄金之箱，封以白玉之函，以珊瑚为轴……"

《西京杂记》卷一中称，赵飞燕

> **金翅鸟** 又名"大鹏金翅鸟",也称"妙翅鸟",梵名"迦楼罗",原是古印度传说中的大鸟,因这种鸟翅翻金色而得此名,为佛教护法神中的"天龙八部"之一,传说能日食龙3000条,能镇水患。

为皇后时,其弟在昭阳殿贺之以珍贵礼物,其中有珊瑚玦一件。

三国时曹植诗说道:"明珠交玉体,珊瑚间木难。"想来当时人们都视珊瑚为植物,并认为值得以明珠和美玉来陪衬它。木难也是一种宝珠,传说是金翅鸟吐沫所成。

晋人苗昌言描绘得更具体,他在《三辅皇图》中记录:"汉积翠池中有珊瑚,高1.2丈,一本3棵,上有463条,云是越王赵佗所献,号烽火树。"

《格古要论》中也写道:"珊瑚生大海中山阳处水底。"

说明我国晋朝时对珊瑚产出条件及特征都有所认识。珊瑚生活在深海,古人借助铁网打捞,珊瑚外观残损普遍,完整者少,因此《财货源流》中记载:"珊瑚大抵以树高而枝棵多者胜。"

唐朝是我国历史上的繁盛期,社会财富极大丰足,女子重视装扮,妇女以梳高发髻为时尚,由此各式发钗也日渐流行。诗人薛逢曾专门赋诗,盛赞唐代仕女们头戴珊瑚发钗风情万种的样子。

唐朝韦应物《咏珊瑚》中吟:"绛树无花

■ 珊瑚树

叶,非石变非琼。世人何处得,蓬莱石上生。"

由此引发世人追问:珊瑚真是仙人居住的仙山玉树吗?

唐代诗人罗隐《咏史诗》写道:"徐陵笔砚珊瑚架,赵盛宾朋玳瑁簪";又有唐彦谦吟《葡萄诗》写道:"石家美人金谷游,罗帏翠幕珊瑚钩。"

自古珊瑚便被列入佛教七宝中,是信徒进献与神和人的最贵重物品之一。《大阿弥陀经》记载,"佛言:阿弥陀佛刹中,皆自然七宝。所谓黄金、白银、水晶、琉璃、珊瑚、琥珀、砗磲,其性温柔,以是七宝相间为地"。"其性温柔"的象征意义,是入选"佛宝"的标准。

此外,《恒水经》说道:"金、银、珊瑚、珍珠、砗磲、明月珠、摩尼珠"为七宝;《般若经》说:"金、银、珊瑚、琥珀、砗磲、玛瑙"为七宝。虽然不同经典有不同的说法,但珊瑚大多在七宝之列。

佛教认为法器象征着高尚、纯洁、坚毅、安详、富足、康健和圆满。因此应以具有相类品质的宝物来制作,方可获无量功德。红珊瑚就是因其具有优良品性而受到青睐。虔诚的信仰者认为,它有驱邪,避祸,逢凶化吉的功能,故而视为珍品。

藏传佛教的高级人士也以拥有珊瑚法器为荣。我

■ 清代珊瑚雕仕女像

砗磲 是海洋中一种贝类,在外壳上有深大之沟纹如车轮的外圈。砗磲是一种有情识的生命,佛教绝不会教人杀生以取其壳作为念珠或供养佛菩萨之物品,而是代表石类中的某种珍宝之意。

■ 清代珊瑚头饰

国藏传佛教将宝石分成人为之宝与神之宝。人之宝是人饰用的，例如，金、银、珍珠、白玉、玛瑙等；神之宝则属神专用，包括蓝宝石、绿松石、青金石、祖母绿和珊瑚。我国藏族一直视红珊瑚为如来佛的化身，寺庙佛像大量饰用红珊瑚。

山西省青莲寺的唐代石碑上意外地发现了珊瑚。青莲寺始建于北齐天保年间，寺内的唐代石碑取材于周边的灰岩。灰岩中的珊瑚单体直径三四厘米，它的立体形状为尖顶锥柱体，中间有一系列向心式白色纵隔板。

除此，唐碑上还有可辨的有白色布纹格状层孔虫碎片、白色珠粒状海百合茎、盘卷螺等。

同时，唐代大医家寇宗介绍红珊瑚的鉴别方法："珊瑚有红油色者，细纵纹可爱者"为上品。这其实就是产自深海的宝石红珊瑚。而浅珊瑚纹路程极精，也不可能有"红油状"的色泽。寇宗并且说只有上品，也即宝石珊瑚才能入药。

通过介绍的一些珊瑚鉴别方法，将珊瑚按等级由低到高分为几类：

一等为深红色珊瑚，俗称"关公脸""大红枣"珊瑚。它多生长于海水深处200米至2千米之间。它质地细腻，色泽鲜艳，加工抛光后有灵光闪烁，很受人们的青睐。这种珊瑚古代多用于皇宫皇冠和官服、朝服、礼服缀饰及项珠、金银物品的镶嵌饰物。尤其成为男女爱情的寄情和象征。

二等为金红色珊瑚，俗称"柿子红""樱桃红""夕阳吐金"珊瑚。加工抛光后由于红色中闪耀着金黄色的灵光，给人以富丽堂皇神圣感觉。因此，古代达官贵人特别喜欢这种光感的典雅高贵。因此，金红色珊瑚也是权贵的象征，精品颇为稀少，价格比较昂贵。

三等为桃红色珊瑚，俗名叫"女儿红""少妇脸""桃花美"珊瑚。桃红色珊瑚是一种比较稀有的宝石，更是艺术家们创造艺术珍品不可多得的珍贵原料。由于成形体积较庞大，质地光滑，以桃红的色感，触发许多艺术家的灵感，从而被制作成大型观赏性较强的艺术品、装饰品，没有什么价格能衡量它的价值。

四等为粉红色珊瑚，俗名叫"婴儿脸""粉底红"珊瑚。这种珊瑚色泽奇异，柔嫩和谐，也是宝玉石中比较稀有的有机宝石。由于它源于自然，给人以天然情趣的美感，并在加工抛光后令人有千娇百媚、美不胜收的艺术享受。

珊瑚坛城

据说这种珊瑚做成首饰后长期佩戴能起到活血醒目，促进体内机能的保健作用。一件粉红色珊瑚精品是极为珍视的无价宝。

五等为白色珊瑚，俗名称"棉花白""寒冬雪"珊瑚。白色珊瑚，由于它洁白无瑕,亭亭玉立,没有丝毫粉饰和造作,给人以纯真朴实、高贵典雅的自立、自珍、自爱的真善美艺术享受。无数的靓男倩女、儒家学者及艺术工匠大师们对其给予了极高的评价。

最高级的是黑色珊瑚,俗称叫"海树""夜狸欢""黑宝贝"珊瑚。黑色珊瑚因为色泽凝重、庄严肃穆,令人有古朴浓烈、深沉执着的感觉。并且"黑金"价值高于黄金好多倍。因此,黑色珊瑚也随之备受皇家青睐。

宋代时珊瑚用途相对固定,体形大而完整或外形破损小者,通常作摆件陈设于厅堂之上;残损严重、质次者,取其枝丫制成小件装饰个人。

宋代《玉海》朝贡条中所记载:"乾德二年十二月,来自甘州的贡品中有珊瑚玉带。"

珊瑚关公像

古代,珊瑚应是制造穿戴饰物不可或缺的材料。尤其是蒙古、新疆、西藏一带人们的饰物,无不以珊瑚和绿松石、青金石为之。

明代起,皇城中调令专门收藏金珠、玉带、珊瑚、宝石等的仓库。文华殿便是明代的皇家珠宝库。

制作精美的摆件,如明代珊瑚弥勒佛,高8厘米,长17厘米,以珊瑚横卧肖形佛祖弥勒。弥勒佛在大乘佛教经典中又常被称为阿逸多菩萨，是释迦牟尼佛的继任者，将在未来娑婆世界降生成佛，成为娑婆世界的下一尊佛，在贤劫千佛中将是第五尊佛，常被尊称为当来下生弥勒尊佛。被唯识学派奉为鼻祖，其庞大思想体系由无著、世亲菩萨阐释弘扬，深受我国佛教大师道安和玄奘的推崇。

珊瑚佛像

同时，明代珊瑚还加入普通药用，《本草纲目》记载珊瑚有消宿血，为末吹鼻，止鼻衄，明目镇心，止惊痫，点眼去飞丝的作用。

在清代，珊瑚更是应用得非常广泛，服饰制度中规定很多饰物一定要以珊瑚为之。例如，皇帝在行朝日礼仪中，经系嵌带板的朝带、戴珊瑚朝珠。

皇太后、皇后在非常隆重的场合要穿朝服时，必须要戴3串朝珠，其左右两串为珊瑚；而皇贵妃、皇太子妃、贵妃以及妃等，除了中央一串为琥珀与太后的东珠有所区别以外，另外两串也是以珊瑚为质材。嫔及贝勒夫人、辅国夫人等，戴在中间的一串朝珠，一定要是珊瑚制成的。

此外，当皇太后及命妇穿朝服时，颈项间要佩饰的领约，也是以镶嵌的珊瑚和东珠数目的多寡，来区别品阶的高低。可见清廷服饰制度中所需珊瑚量是非常庞大的。

如清盘长缠枝纹镏金镶珊瑚银冠为蒙古王爷所用之物。

南天竺 我国南方常见的木本花卉种类。枝干挺拔如竹，羽叶开展而秀美，秋冬时节转为红色，异常绚丽，穗状果序上红果累累，鲜艳夺目。夏日雨后盛开的小白花，枝头结满可爱的小圆果，使人忘却了夏日酷暑，小花的馨香解除了烦恼，带来了快乐。

清朝官吏实行九品官制，级别大小可以从帽子上不同顶珠来区别：一品用红宝石，二品用珊瑚，三品用蓝宝石，四品用青金石，五品用水晶，六品用砗磲，七品用素金，八品用阴文镂花金顶，九品用阳文镂花顶。这些顶珠不得随意更替，更不得私自改换饰物种类。

《国朝宫史》中记载：乾隆二十六年皇太后七十寿诞，所敬的贡品中就有"玉树珊瑚栀子南天竺"盆景一件。

清代高官和珅富可敌国，作为标志的是家藏16枚约1.3米的红珊瑚，为当时之绝品。

清代官职品级服饰：清代官员穿的官服叫"补服"。补服胸前绣有各式各样的图案。其实，无论文臣武将，穿戴的服饰都有着严格的规定。

至于制度以外的饰物，如簪、斋戒牌、如意以及数珠手串等，都少不了以珊瑚制成，或镶饰珊瑚。

■ 珊瑚锦鲤摆件

其中珊瑚手镯，则是将一段段弧形的珊瑚，精确地榫接起来，再施以彩蜡填补、琢磨、抛光而成。而珊瑚如意则需要较大枝柯的珊瑚原材料来雕琢。

我国清宫中，1835年十一月奕纪等奉旨清查圆明园库存物件，珊瑚如意有14件。

在清宫中发现有一件珊

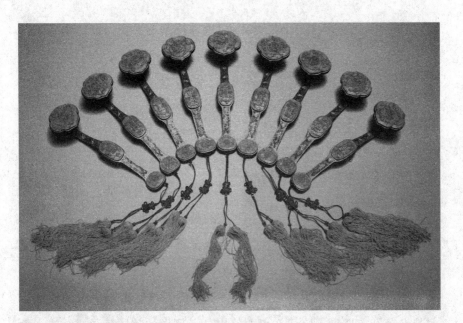

瑚魁星点独占鳌头盆景，雕刻的珊瑚魁星，手执錾丝点翠镶珍珠之北斗星座，站立在以翡翠雕琢成的鳌龙头上，组成魁星戏斗的画面，意寓应试高中，独占鳌头。这种以玉与珊瑚组装成盆景的艺术表现形式比较独特、别致。

另外还有清代中期造办处造珊瑚宝石福寿绵长盆景，通高69厘米，盆高21厘米，盆径27厘米至24.5厘米。铜胎银累丝海棠花式盆，口沿錾铜镀金蕉叶，近足处錾铜镀金蝠寿纹。盆壁以银累丝烧蓝工艺在四壁的菱花形开光中组成吉祥图案。

盆正背两面为桃树、麒麟纹，左右两侧面为凤凰展翅纹。盆座面满铺珊瑚米珠串，中央垒绿色染石山，山上嵌制一棵红珊瑚枝干的桃树，树上深绿色的翠叶丛中挂满各色蜜桃，有红、黄色的蜜蜡果，粉、蓝色的碧玺果，绿色的翡翠果，白色的砗磲及异形

■ 掐丝珐琅福寿珊瑚如意 如意又称"握君""执友"或"谈柄"，由古代的笏和痒痒挠演变而来，类似于北斗七星的形状。明清两代，如意发展到鼎盛时期，因其珍贵的材质和精巧的工艺而广为流行，以灵芝造型为主的如意更被赋予了吉祥驱邪的涵义，成为承载祈福禳安等美好愿望的贵重礼品。

红珊瑚挂坠

大珍珠镶制的果实，红、粉、黄、蓝、绿、白相间，五彩缤纷。

此景盆工艺虽银丝已氧化变黑，然而仍不掩其工艺之精湛。盆上桃树景致枝红、叶绿、果艳，玲珑珍奇，璀璨夺目。

清代流行吸鼻烟，因此各种材质的鼻烟壶也应运而生，如铜、玉甚至金银、琉璃等，珊瑚制成的更为珍贵。

清代人视珊瑚为华贵的象征，尤其崇尚红色珊瑚。除了颜色要红以外，珊瑚的整体色泽要鲜艳，色调分布要均匀协调，不可黯涩或有斑点和杂质。

如清红珊瑚鼻烟壶，通高5.8厘米，腹宽4.9厘米，鼻烟壶腹部呈扁状，有浮雕纹饰，翡翠盖子连着竹勺，乃清代中期作品。

阅读链接

随着医学的发展，人们逐渐发现红珊瑚还具有促进人体的新陈代谢及调节内分泌的特殊功能。因此，有人把它与珍珠一道称为"绿色珠宝"。

可见，古今中外，无论是远古先民，还是当今世人，无论是宫廷朝官，还是平民百姓，他们对红珊瑚都有真挚虔诚的信仰和强烈而独特的偏爱，这一切为红珊瑚文化的传承奠定了丰厚的人文基础。

万年虎魂——琥珀

世上有"千年蜜蜡,万年琥珀"的说法。由此可知琥珀之古老。

距今四五千万年以前的地球上,覆盖着茫茫的原始森林。由于受狂风暴雨摧折,雷电轰击,野兽践踏,树木枝干断裂。其中松科植物断裂的"伤口"处流出树脂,因树脂含有香味便引来许多昆虫,被粘在上面,包裹进去。

若干万年以后,由于地壳构造的急剧运动,大片森林被深埋入地层,树木中的碳质富集起来变成了煤,树脂在煤层中则形成了琥珀化石。

琥珀,我国古代称为"瑿"或"遗玉""兽魂""光珠""红珠"等,传说是老虎的魂魄,所以又称为"虎魄"。而且还根据琥珀的不同颜色、特点划分的

琥珀原石

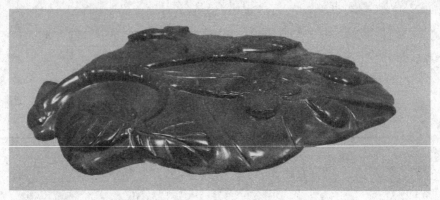

■ 琥珀秋叶碟

品种为金珀、血珀、虫珀、香珀、石珀、花珀、水珀、明珀、蜡珀、蜜蜡、红松脂等。

在我国远古时，皇亲贵妇们就视琥珀为吉祥之物；新生儿佩戴可避难消灾，一生平安；新人戴上她可永葆青春，夫妻和睦幸福。因为那时人们认为琥珀是"虎毙魄入地而成"，佛教界也视琥珀为圣物。

对于琥珀最早文字记载见于《山海经·南山经》，其载：

> 招摇之山，临于西海之上，丽之水出焉，西流注于海，其中多育沛，佩之无瘕疾……

文中提到海中产琥珀，并且佩戴它可无疾病，表明人们已对琥珀的性质有了一定的了解。育沛也为琥珀的古称，如《石雅》中写道："中国古曰育沛，后称琥珀，急读之，音均相近，疑皆方言之异读耳。"

我国最早的琥珀制品，见于四川省广汉三星堆祭祀坑，为一枚心形琥珀坠饰，一面阴刻蝉背纹，另一

三星堆 我国西南地区的青铜时代遗址，位于四川省广汉南兴镇。三星堆文明上承古蜀宝墩文化，下启金沙文化、古巴国，前后历时约2000年，是我国长江流域早期文明的代表，也是迄今为止我国历史中已知的最早的文明。

《山海经》 我国先秦重要古籍，是一部富于神话传说的最古老的地理书，内容包罗万象，主要记述古代地理、动物、植物、矿产、神话、巫术、宗教等，也包括古史、医药、民俗、民族等方面的内容。

■琥珀吊坠

面阴刻蝉腹纹。

马王堆墓中裹骸骨的竹席保存完好,但头颅倒置,裹置在席内,还有一只平头鞋却露在席外;发现的殉葬棺,其棺身虽然有一些腐朽,棺内骸骨还没完全化为泥土,在死者手腕西侧发现两枚琥珀珠。

汉代对琥珀的性质有了更深的认识,如王充《论衡·乱龙》记载:"顿牟掇芥",其中"顿牟"所指"琥珀",在《周易正义》的疏中也有"琥珀拾芥"的记载,从这些记录可以了解到琥珀具有静电效应已被先民知晓。

汉初陆贾所作《新语·道基篇》中对琥珀的产出状况也有描述:"琥珀珊瑚,翠羽珠玉,山生水藏,择地而居,洁清明朗,润泽而濡。"琥珀与珊瑚并列,则说明当时的人认为琥珀与珊瑚一样,都应在水中找寻。

并且汉代多对琥珀的产地进行了记录,如《汉书·西域传上·罽宾国》:"出封牛…珊瑚、虎魄、璧流离。"罽宾国为汉代西域国名,在其他后世文献中如《南北朝·魏书》《隋书》等很多文献中都有记录西域产琥珀之说,而且《后汉书》记载:"谓出哀牢",又有《后汉书·西域传》曰:"大秦国有琥珀"之说。

■琥珀佛像摆件

司南 我国古代辨别方向用的一种仪器。用天然磁铁矿石琢成一个勺形的东西，放在一个光滑的盘上，盘上刻着方位，利用磁铁指南的作用，可以辨别方向，是现在所用指南针的始祖。

汉代已有大量的琥珀制品出现，多为饰品，如江苏省扬州市邗江区甘泉东汉墓发现的汉代琥珀制司南佩，江西省发现有汉代琥珀印、琥珀兽形佩等，而且这些琥珀制品的形制，大多借鉴其他材质的题材。

司南佩是始于汉代的辟邪器物之一，形若"工"字形，扁长方体，其构造上有勺，下有地盘，中间有穿孔，勺总是指向南方，让人不会迷失方向。

如江苏省扬州市邗江区甘泉东汉墓发现的东汉血红琥珀司南佩，长2.5厘米，内部脂质清晰可见，表面经土沁略为粗糙。"工"字形为简化司南佩，可以佩挂。

东汉琥珀瑞兽，外形呈伏卧状，圆胖可爱。瑞兽通长5厘米，高3.5厘米，宽3.2厘米，体形之大，在我国已经发现的同类物中属罕见。它的中部还有一穿孔，应该是古人用来穿绳佩戴的。

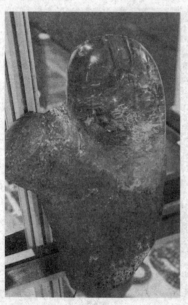
■ 琥珀原料

汉代人在雕刻玉器和琥珀等时，喜欢用外形像"八"字的刀法来雕刻。这种刀法简洁矫健、锋芒有力，后人称为"汉八刀。"这枚琥珀瑞兽也是用"汉八刀"的刀法来雕刻的。

根据颜色，这枚琥珀瑞兽呈红色，晶莹透亮，属珍贵的血珀。

琥珀自古就被视为珍贵的宝物，因为琥珀来自松树脂，而松树在我国又象征长寿。有的琥珀不必点火燃烧，只需稍加抚摩，即可释出迷人的松香气息，具有安神定性的功效，被广泛做成宗教器物。

自古中国人就喜爱松香味，视琥珀和龙涎香为珍贵的香料，唐《西京杂记》记载，汉成帝的皇后赵飞燕就是枕琥珀枕头以摄取芳香。

晋代，对于琥珀的形成产生了3种见解。第一种见解如郭璞《玄中记》说道："枫脂沦入地中，千秋为虎珀。"认为是由枫树的树脂落入地中经千年化成琥珀。

张华《博物志》中有两种见解，一为松脂千年入地为茯苓，而后茯苓变为琥珀，如其卷四中引《神仙传》说道："松柏脂入地千年化为茯苓，茯苓化琥珀"，其中，茯苓为寄生在松树根上的菌类植物。

但是此时已对其说法真实性有了怀疑，并提出琥珀可能为燃烧蜂巢而成的看法，说道："今泰山出茯苓而无琥珀，益州永昌出琥珀而无茯苓，或云烧蜂巢所作。"

直至南北朝时期，才出现了关于琥珀成因正确的记载，如梁代陶弘景在《神农本草经集注》中记载："琥珀，旧说松脂沦入地千年所化。"

总体来说，三国、两晋、南北朝时期的琥珀制品延续了汉代的风格，但数量相对于汉代有所减少。多为饰品，但也出现了实用器，如《拾遗记》中说道：

■ 琥珀树摆件

郭璞 东晋著名学者，既是文学家和训诂学家，又是道学术数大师和游仙诗的祖师。在学术渊源上，郭璞除家传易学外，还承袭了道教的术数学，是两晋时代最著名的方术士，传说擅长预卜先知，和诸多奇异的方术。

猪握 猪在我国古人心目中的地位非常高，认为有了猪自然就吃喝不愁，猪越多越好，如此才能人丁兴旺、五谷丰登，所以猪成了财富的一种象征和符号。猪握作为随葬品的一种，大多握在死者的手中，常作为主人拥有财富的象征，一般由玉、石、木等材料制成。

"或以琥珀为瓶杓。"另外还发现有魏晋双龙纹琥珀雕、琥珀雕猪握等。

琥珀雕猪握为橘红色，长9.5厘米，高3.2厘米，宽2.2厘米。猪握呈长条形，平卧状，形体细长，造型朴拙粗犷，似为漫不经心雕刻而成，但却透着一股灵气，让人喜爱。

猪握，作为随葬品的一种，大多握在死者的手中，常作为主人拥有财富的象征，一般由玉、石、木等材料制成。这件猪握材质为琥珀，在同类器物中较为罕见。

从这件琥珀雕猪握，可以看出魏晋时期的雕刻承袭了汉代人崇尚简洁、粗犷、豪放的风格特点。在造型上，往往以一种大写意手法来刻画形象的动态。

寥寥数刀，一个憨态可掬的卧猪的形象就呼之欲出了，多一刀，嫌过了；少一刀，又不足的感觉。这

■ 叠胜琥珀盒

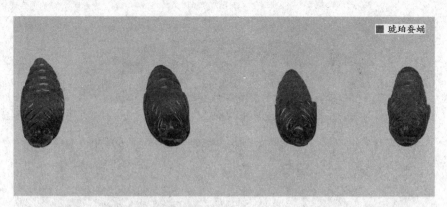
琥珀蚕蛹

种来自遥远时代的简洁是一种本质上的简洁。

这件器物把琥珀特有的质感特性与异常简洁的整体形象有机结合,使猪握显得雍容大度、古拙耐看。它把猪憨厚、温顺的内在美与琥珀鲜亮光洁的色彩美凝为一体,不失为一件难得的佳作,具有较高的历史价值和艺术价值。

对于它的药效,人们也开始有所认识,如《宋书·武帝纪下》:"宁州尝献虎魄枕,光色甚丽。时诸将北征需琥珀治金疮,上大悦,命捣碎以付诸将。"

其实琥珀可以加工成饰物或是念珠之外,慧眼独具的中国人更把琥珀选为一味药材。

南北朝陶弘景所著的《名医别录》,概括了琥珀的三大功效:一是定惊安神,二是活血散瘀,三是利尿通淋。

唐代《杜阳杂编》中记载琥珀可止血疗伤。

《本草纲目》记载:"安脏定魂魄,消淤血疗蛊毒,破结痂,生血生肌,安胎……"说的就是琥珀的疗效。

唐朝就有诗人韦应物对琥珀有这样的描述:

曾为老茯苓,原是寒松液。
蚁蚋落其中,千年犹可观。

■ 精美的琥珀龙

可见琥珀与我国文化早已结缘，只是由于原料太珍稀和生产工艺的复杂性，导致它无法在我国的饰品文化中占有很大的份额。

唐代，琥珀由于其诱人的颜色，晶莹透彻与酒相似，也经常被比喻为美酒，这也是琥珀常被作为杯子等器皿的原因。

如刘禹锡的《刘驸马水亭避暑》记载："琥珀盏红疑漏酒，水晶帘莹更通风。"李白的《客中行》说道："兰陵美酒郁金香，玉碗盛来琥珀光。"

虽然此时人们对琥珀更加了解，但是唐代琥珀并不多见。现今，唯一发现琥珀的唐代墓葬为河南省洛阳齐国太夫人墓，多为工艺精湛的饰品，如五件梳背中玉质梳背两件，琥珀梳背两件，高浮雕飞凤纹一件。

至宋代，关于琥珀的记录更加的丰富与详细，如梅尧臣的《尹子渐归华产茯苓若人形者赋以赠行》中对琥珀晶莹剔透、可有昆虫包体、静电效应

凤纹 在我国传统装饰纹样中有着特殊意义，由原始彩陶上的玄鸟演变而来的，西周基本形象是雄，早期凤纹有别于鸟纹最主要的特征是有上扬飞舞的羽翼。凤作为一种艺术形象，源自最早的图腾崇拜，是氏族社会图腾崇拜的产物。

等进行了描述,并且记录了此时琥珀器物多纹饰、珍贵并且价值不菲,写道:

     外凝石棱紫,内蕴琼腴白。
     千载忽旦暮,一朝成琥珀。
     既莹毫芒分,不与蚊蚋隔。
     拾芥曾未难,为器期增饰。
     至珍行处稀,美价定多益。

  人们还用它来祝寿,如张元干的《紫岩九章章八句上寿张丞相》写道:"结为琥珀,深根固柢。愿公难老,受兹燕喜。"香珀的定义也被引入文中,如张洪的《酬答鄱阳黎祥仲》写道:"六丁护香珀,千岁以为期。"

  而宋代黄休复在《茅亭客话》中,仍然记有老虎的魂魄入地化作琥珀的传说。

  明清时期,人们对于琥珀的来源、形成、分类、药效都有了系统的了解,并对如何鉴别琥珀,有了一定的经验。

  如明代谢肇淛的《五杂俎·物部四》中记录:"琥珀,血珀为上,金珀次之,蜡珀最下。人以拾芥辨其真伪,非也。伪者傅之以药,其拾更捷。"

  清代谷应泰在《博物要览·卷

金琥珀山子

八》记载:"琥珀之色以红如鸡血者佳,内无损绺及不净粘土者为胜,如红黑海蛰色及有泥土木屑黏结并有莹绺者为劣。"这些关于琥珀分类等的记录,无不反映了当时人们喜爱琥珀的风尚。

除了分级和鉴定,人们已经开始对琥珀进行优化处理,如明末清初的《物理小识·卷七》记载:"广中以油煮蜜蜡为金珀。"可知用加热处理来使不透明的蜜蜡变为金珀的方法在清初就已有之,并一直沿用。

总体来说,明清两朝发现的琥珀多为颜色艳丽均匀、质地致密、无杂质的上品,而且此时对于琥珀的加工工艺也更加精湛。

如明代琥珀佩件,直径5.5厘米,边厚0.3厘米,中间厚0.6厘米,雕刻精美,刀法流畅。上有篆刻"通灵宝玉"4字。

明代琥珀弥勒佛摆件,用原色琥珀雕成,高8.5厘米,通体红褐色。弥勒佛席地而坐,开怀大笑,大肚高高隆起,形象生动。其雕工技法娴熟,衣纹线条流畅,通体光亮圆润,有明代风格特征,是一件难得的琥珀佳作。

琥珀佛像

在黔宁王沐英的十世孙沐睿墓中,发现了明渔翁戏荷琥珀杯,高4.8厘米,琥珀杯选用上等血珀制成,料中间杂黑色条纹,质感透明温润。杯主体分两大部分,杯身呈荷形,杯身一侧浅刻出一只鱼鹰,另一侧雕出荷梗与水草,寥寥数刀便刻画得入木三分极有韵致。

杯柄为一圆雕的渔翁,渔翁发髻高绾,上身裸露,双臂粗壮有力，身背鱼篓，足蹬高靴，左手紧握一鱼，鱼嘴上昂，似在挣扎呼吸，鱼鳞清晰可辨，一副鲜活的神态。

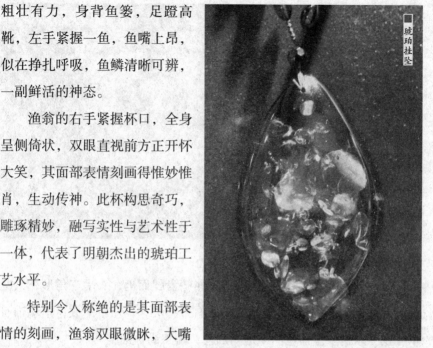
琥珀挂坠

渔翁的右手紧握杯口，全身呈侧倚状，双眼直视前方正开怀大笑，其面部表情刻画得惟妙惟肖，生动传神。此杯构思奇巧，雕琢精妙，融写实性与艺术性于一体，代表了明朝杰出的琥珀工艺水平。

特别令人称绝的是其面部表情的刻画，渔翁双眼微眯，大嘴咧开，正发出会心的笑声，是捕到鱼后的兴奋与满足，抑或是水上生涯的惬意与陶醉？给人以无穷的艺术遐想。

琥珀杯的作者正是抓住渔翁面部一瞬间的神态来渲染整体艺术效果的，作者甚至连渔翁的眉毛、眼睛都刻画得惟妙惟肖，真正起到了"点睛"的作用。

而斜倚的造型、有力的身躯、生动的表情、灵巧的腿脚，迸发出勃勃的生机，显示出强烈的动态美。同时，斜倚着的渔翁不仅是琥珀杯的传神之处，而且还作为琥珀杯的把手来作用，这又不由得不令人佩服作者的匠心独运、构思奇巧了！

同墓中还发现了金链琥珀挂件。一块水滴状琥珀上系一条金链，琥珀质地纯净，内有两个天然气泡，匠师在琥珀外壁处依照气泡之形阴线勾出两只仙桃，衬以枝叶。并在反面阴刻行书"瑶池春熟"4字。

清代琥珀的使用范围远较明代以及之前的任何历史时期普遍。尤

■ 琥珀卧佛像

其是康乾盛世之时。

如清琥珀寿星，长5厘米，寿星屈膝盘腿而坐，头呈三角形，天庭饱满，前额刻3条细纹，笑颜长须，右手持灵芝，左手平放，下端饰有草叶及一水禽。全器色泽半透明红色，雕工尚称细腻。

清琥珀刻诗鼻烟壶，通高6厘米，口径1.2厘米，足径最大2.8厘米。鼻烟壶琥珀质，酒红色，透明，呈扁方形。壶体两面雕刻楷书乾隆御题七言律诗一首：

　　　　城上春云覆苑墙，江亭晚色静年芳。
　　　　林花著雨燕脂湿，水荇牵风翠带长。
　　　　龙武亲军深驻辇，芙蓉别殿漫焚香。
　　　　何时诏此金钱会，暂醉佳心锦瑟房。

末署"乾隆甲午仲春御题"。壶顶有蓝色料石盖，下连牙匙，底有椭圆形足。烟壶内还有半瓶剩余的鼻烟。

另有一件清代琥珀鼻烟壶颜色非常少见，琥珀为半透明深红色与赭色相间，有赭斑。器做扁圆形小瓶，平口、短颈、硕腹、浅圈足。

全器光素无雕纹。有珊瑚顶白玉小盖,无塞及小匙。全高9.1厘米,宽5.5厘米,厚3.8厘米。

朝珠源自数珠,是清代君臣、后妃、命妇穿着朝服或吉服时,垂挂在胸前象征身份地位的饰物。配挂时背云垂在背后,男子将两串记捻垂在左边,另一串在右边;女子则反之。

在清代虽然琥珀稀少,但也有用于制作的。如清代金珀朝珠,珠径1.38厘米,此盘朝珠由108枚金黄色透明的琥珀串成,每27颗间一枚翡翠佛头,顶端除有佛头外,还有佛头塔、碧玺背云及坠角,另附3串各由10枚珊瑚珠和碧玺坠角组成的记捻。

还有清代刻花琥珀小盒显得小巧而精致,琥珀为暗红色泽,可透光。全器做椭圆形,盖与器身略相等,盖面有相对之蝴蝶纹,盖沿与器壁则饰内勾之几何纹。高2厘米,长5.1厘米,宽3.6厘米。

晚清时期琥珀鼻烟壶,全高6.43厘米,宽5.75厘米,厚3.55厘米。琥珀,不透明橙红色。器做扁圆形小瓶,平口,短颈,硕腹,浅圈足。全器光素无雕纹。无盖。

晚清时期宫廷与富贵人家喜欢陈设琥珀雕观世音像,以持荷立像和坐莲像较多。钟馗捉鬼像、八仙像、刘海戏蟾像及寿星公像,雕工精细,神态与衣饰和福建寿山石雕及翠玉雕者十分相近,可说如一脉相承。

究其原因,可能那时专雕琥珀件的名家甚少,故大多数兼雕不同的材料,其中一些原本主雕玉石像或者寿山石像。

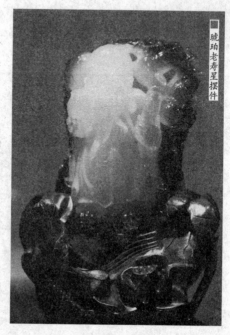

琥珀老寿星摆件

■琥珀葫芦摆件

如琥珀雕和合二仙小摆件，高约6.5厘米。为晚清时期名家所雕。清代雍正时，以唐代诗僧"寒山，拾得"为和合二圣。

相传两人亲如兄弟，共爱一女。临婚寒山得悉，即离家为僧，拾得也舍女去寻觅寒山，相会后，两人俱为僧，立庙"寒山寺"。

世传之和合神像也一化为二，然而僧状，尤为蓬头之笑面神，一持荷花，一捧圆盒，意为"和（荷）谐合（盒）好"。婚礼之日必悬挂于花烛洞房之中，或常挂于厅堂，以图吉利。

阅读链接

琥珀，在我国的历史源远流长，一度是财富和地位的象征，为皇家贵族所使用。

琥珀作为佛教七宝之一，随着宗教文化市场的盛行，吸引了大量收藏者，使其价格一路上涨。近几年，由于人们对于琥珀的文化和特性的深入了解和抚顺琥珀矿的资源匮乏，使其价格再创新高。相信这种具有丰富色彩，悠久文化，安神药效的有机宝石，在未来会更加受到人们的欢迎和重视。